面向 Web 前端开发 1+X 证书系列教材

PHP 程序设计项目化教程

主　编　杜海颖

副主编　王向华

中国水利水电出版社
www.waterpub.com.cn

·北京·

内 容 提 要

本书根据 Web 前端开发职业岗位技能需求，结合高职院校职业教育课程改革经验，并参考 1+X Web 前端中高级考试知识标准，以生产实践中的典型工作任务模块进行项目设计，从工程开发角度出发，采用项目教学法，介绍了 PHP 开发环境的搭建、PHP 语言的基本语法和内置函数、PHP 与 Web 的交互、使用 PHP 操作 MySQL 数据库、PHP 面向对象编程、PDO 扩展，以及 Laravel 框架的搭建和基于框架的开发知识。本书重点介绍了 PHP 语言对 Web 系统功能模块开发的支持，通过项目任务形式展开，尽可能确保读者学以致用，具备解决实际问题的能力。本书作者来自教学一线，有丰富的教学和实践经验，以及 1+X Web 前端中级考试培训组织经验。

本书主要面向想要快速搭建 Web 系统，对 PHP 开发感兴趣，有意从事相关工作，且已经具备了 Web 前端开发如 HTML、CSS、JavaScript、MySQL 的基础知识，没有使用过 PHP 语言及其 Laravel 框架的人群，以及培训、备考 1+X Web 前端中高级考试的教师和学生群体。本书可作为高职高专院校计算机应用、软件技术、网络技术等专业及各类成人教育"Web 系统开发"课程的教材，也可供从事相关技术工作的人员参考。

本书提供电子教案和项目素材，读者可以从中国水利水电出版社网站（www.waterpub.com.cn）或万水书苑网站（www.wsbookshow.com）免费下载。

图书在版编目（CIP）数据

PHP程序设计项目化教程 / 杜海颖主编. -- 北京：中国水利水电出版社，2021.9
面向Web前端开发1+X证书系列教材
ISBN 978-7-5170-9858-4

Ⅰ. ①P… Ⅱ. ①杜… Ⅲ. ①PHP语言－程序设计－教材 Ⅳ. ①TP312.8

中国版本图书馆CIP数据核字(2021)第169900号

策划编辑：石永峰　　责任编辑：石永峰　　加工编辑：刘　瑜　　封面设计：李　佳

书　　名	面向 Web 前端开发 1+X 证书系列教材 PHP 程序设计项目化教程 PHP CHENGXU SHEJI XIANGMUHUA JIAOCHENG
作　　者	主　编　杜海颖 副主编　王向华
出版发行	中国水利水电出版社 （北京市海淀区玉渊潭南路 1 号 D 座　100038） 网址：www.waterpub.com.cn E-mail: mchannel@263.net（万水） 　　　　sales@waterpub.com.cn 电话：（010）68367658（营销中心）、82562819（万水）
经　　售	全国各地新华书店和相关出版物销售网点
排　　版	北京万水电子信息有限公司
印　　刷	三河市德贤弘印务有限公司
规　　格	184mm×260mm　16 开本　15 印张　374 千字
版　　次	2021 年 9 月第 1 版　　2021 年 9 月第 1 次印刷
印　　数	0001—3000 册
定　　价	42.00 元

前　言

PHP 是一种服务器端嵌入式脚本语言，支持面向过程和面向对象两种编程风格，语法灵活，具有开源免费、易学易用的特点，特别适合快速搭建后端系统，也是目前动态网站开发的主流语言之一。PHP 原生及其框架 Laravel 是 1+X Web 前端中高级证书标准考试的重要知识模块，企业级开发中一般都离不开框架，PHP 程序员至少要掌握一种框架的使用，本书即在此背景下编写。

本书特点

本书针对想要快速搭建后端系统，对 PHP 开发感兴趣，有意从事相关工作，且已经具备了 Web 前端开发如 HTML、CSS、JavaScript、MySQL 的基础知识，没有使用过 PHP 语言及其 Laravel 框架的人群，以及培训、备考 1+X Web 前端中高级考试的教师和学生群体。本书详细地讲解了 PHP 开发环境的搭建、PHP 语言的基本语法和内置函数、PHP 与 Web 的交互、用 PHP 操作数据库、PHP 面向对象编程、PDO 扩展，以及 Laravel 框架的搭建和基于框架的开发知识。本书通过项目任务形式展开，尽可能确保读者学以致用，具备解决实际问题的能力。本书作者来自教学一线，有丰富的教学经验，以及 1+X Web 前端中级考试培训组织经验。

如何使用本书

本书共有 10 个项目。

项目 1　PHP 开发环境搭建与配置

本项目通过 PHP 网站开发环境的搭建和配置，详细讲解了关于 PHP 网站开发的入门知识，通过虚拟服务器的搭建演示了 PHP 开发环境的常用配置和使用。通过本项目的学习，读者能够了解 PHP 语言，搭建好开发环境，为后续的学习打好基础。

项目 2　PHP 基础编程与调试

本项目通过 3 个任务讲解 PHP 基本变量与语句及分支结构、循环结构的程序设计，练习使用 PHP 语言。最后通过九九乘法表的编写，综合运用变量定义、输出语句、分支与循环结构等语法基础知识进行编程和调试。通过本项目的学习，读者能够实现基础 PHP 代码的识读。

项目 3　使用编程手册查询函数

PHP 语言内置了 1000 多个函数，丰富的内置函数极大地方便了开发者。本项目通过 3 个任务介绍和演示了 PHP 函数定义和调用语法、内置函数分类和查询、数组和数组相关函数的使用。通过本项目的学习，读者能够掌握编程手册的使用，能够基于编程手册的函数参考实现更加丰富的功能。

项目 4　操作文件与目录

PHP 对文件系统有很好的支持，提供了非常多的文件目录操作函数，并能较好地支持文件上传功能。本项目通过操作文件内容、操作目录和文件上传 3 个任务，综合讲解了 PHP 文件与目录操作的常用函数及其使用。

项目 5　操作图像

PHP 通过 GD 库提供了丰富的图像操作函数，本项目通过图像绘制和图像水印两个典型的任务练习，讲解了利用 GD 库进行图像操作的核心函数的语法和使用，最后通过拓展项目绘制验证码进一步巩固所学知识。

项目 6　实现 Web 交互

本项目通过 3 个任务分别讲解了 HTTP 报文结构、请求数据获取，以及会话管理实现。通过本项目的学习，读者能够掌握 PHP 与 Web 交互的原理和实现。

项目 7　操作 MySQL 数据库

在 PHP 中操作 MySQL 数据库有多种方式，本项目主要讲解使用 mysqli 面向过程方式操作数据库，学习 mysqli 相关函数的使用，实现数据库连接，执行对数据表的增删改查操作。

项目 8　面向对象方式操作数据库

本项目主要讲解 PHP 面向对象编程的基础知识，讲解在 PHP 中如何定义类、实例化对象、设置访问属性等面向对象编程基础，并通过封装 DB 类、mysqli 的面向对象方式实现图书信息查询、使用 PDO 方式实现图书信息添加 3 个任务综合练习，使读者掌握 PHP 面向对象方式操作数据库。

项目 9　搭建 Laravel 框架开发环境

本项目主要讲解 Laravel 框架的开发环境搭建和项目部署，使读者了解 Laravel 框架的特性，认识框架项目目录结构，掌握 Laravel 框架路由、控制器和视图的使用，能够基于框架编写和运行程序。

项目 10　基于 Laravel 框架操作数据库

Laravel 框架支持 ORM 对数据库的操作，应用起来非常便捷。本项目主要讲解 Laravel 框架中的模型，通过模型与数据库表的映射，以及对应任务所需的 CSRF、Web 交互、会话管理等知识，综合运用所学知识完成各个任务。掌握 Laravel 框架的 ORM 操作数据库，能够综合前端和框架知识开发常见的 Web 系统功能模块。

致谢

本书由杜海颖任主编，负责全书的统稿、修改、定稿工作，王向华任副主编。主要编写人员分工如下：李鑫平编写项目 1，王向华编写项目 2，杜海颖编写项目 3 至项目 10，全体成员负责本书电子资源的制作。中国水利水电出版社的石永峰对本书的出版给予了大力支持，在本书编写过程中参考了大量关于 PHP 技术的文献资料，在此谨向这些作者以及为本书出版付出辛勤劳动的人员深表感谢。

意见反馈

尽管付出了最大的努力，但由于编写组成员能力和精力有限，本书在内容的设计和编写中还存在很多不足，欢迎各界专家和读者朋友来信提出宝贵意见，编者邮箱：phpbook_service@163.com。

编　者
2021 年 7 月

目　录

项目 1   PHP 开发环境搭建与配置

PHP 是主流网站开发技术之一，应用广泛，许多大型的互联网网站基于该技术建立。本项目通过 PHP 网站开发环境的搭建和配置，详细讲解了关于 PHP 网站开发的入门知识，通过虚拟服务器的搭建演示了 PHP 开发环境的常用配置和使用。通过本项目的学习，读者能够了解 PHP 语言，搭建好开发环境，为后续的学习打好基础。

- 掌握网站开发的相关术语
- 掌握 XAMPP 集成环境的安装和配置
- 认识 XAMPP 目录结构
- 掌握 Apache 服务器的基本使用和配置
- 学会配置虚拟主机

任务 1   搭建 PHP 开发环境

【任务描述】

本任务要求使用 XAMPP 软件搭建 PHP 开发环境，包括 PHP 语言环境、服务器环境，以及 MySQL 数据库。搭建完毕后，服务器能够正常启动，通过浏览器能够访问 XAMPP 默认的欢迎页面。

搭建 PHP
开发环境

【任务分析】

PHP 是一种服务器端编程语言，支持面向过程和面向对象两种编程风格，应用广泛，适合 Web 开发，是可以嵌入 HTML 语言的多用途脚本语言。PHP 的语法接近 C、Java 和 Perl，相比其他语言技术更容易学习，搭建 Web 服务器更加快捷。

PHP 环境的安装可以分为两种方式，一种是集成安装环境，一种是非集成安装。对于初学者来说，推荐比较简单、不易出错的集成安装环境，待对 PHP 开发技术有一定了解后，可自行使用非集成安装方式安装。搭建 PHP 开发环境主要包括 3 个部分，分别是 PHP 语言、服务器 Apache、MySQL 数据库。使用集成安装环境可以一次性安装好这 3 个部分，且将 PHP 常用功能扩展开启。

Web 应用开发涉及很多专业术语，如动态网站、服务器、域名等。在搭建开发环境，进行编程之前，我们先了解一下相关的开发术语和技术，方便后续理解。

【知识链接】

1. 网站开发的相关术语

（1）动态网站。随着网络的普及和互联网用户的增长，单纯的静态网页逐渐不能满足企业或个人的内容展现需求。例如，公司的产品展示网站需要提供打分和评论的功能，允许浏览者评论产品并能为产品进行打分，以便公司的管理人员能够了解到用户对产品的真实反馈从而进一步优化产品；个人网站站长要求能够在网页上直接编辑信息并呈现在网站上，能够动态地更新网页的内容而不用重新编辑网页。普通的静态网页难以实现这些需求，需要使用动态网站技术，根据用户访问需求动态生成网页。

静态网站只需要通过浏览器进行解析即可，网站建设好后可以离线打开查看。而动态网站需要一个额外的编译解析过程，它通常可以分为数据库、服务器端解析程序和前端页面程序 3 个组成部分，如图 1-1 所示。

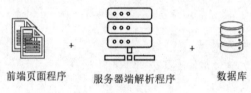

前端页面程序　　服务器端解析程序　　数据库

图 1-1　动态网站组成

动态网站即网站内容的动态生成，不仅仅是网页上具有动画。动态网站离不开静态页面技术 HTML、CSS、JavaScript，静态页面技术是创建动态网页的基础。静态网页由网页设计人员产生可供浏览器浏览的内容，而动态网站由网站程序设计人员编写程序来动态产生网页。静态网页一般以.html 作为扩展名，而动态的网站一般是由 JSP、PHP 或 ASP.NET 等服务器端编程语言构建，网站的内容由数据库保存，因此在访问某些网站时，能够看到网站网页扩展名有.asp、.jsp、.php 或.aspx。

随着动态网站开发技术的发展，出现了许多非常优秀的框架技术，相比基础开发技术，框架技术能够提高网站的安全性、开发效率等，当前很多 Web 网站在访问时，已经看不到网页的扩展名，也就看不出是用哪种技术开发的。

动态网站请求过程，如图 1-2 所示。

● 客户端浏览器发送 HTTP 请求给服务器端的网站。

● 网站服务器将请求转给动态网站服务器组件。

● 动态网站服务器运行服务器网站程序,与数据库服务器交互查询或存储数据库中的网站内容。

● 服务器组件将生成的静态网站内容,发送回浏览器进行呈现。

浏览器只能解析静态页面程序，服务器经过后端程序处理后，最终生成静态页面程序发送给客户端，并通过浏览器将最终效果呈现给用户。动态网站程序是能够让网站服务器自动生成网页的网站程序，因此动态网站有时也被称为 Web 应用程序。

（2）服务器。服务器（Server）是提供计算服务的设备。由于服务器需要响应服务请求，并进行处理，因此服务器应具备承担服务并且保障服务的能力。

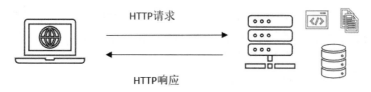

图 1-2　动态网站请求过程

从硬件角度来看，服务器的构成包括处理器、硬盘、内存、系统总线等，和通用的计算机架构类似，但是由于需要提供高可靠的服务，服务器在处理能力、稳定性、可靠性、安全性、可扩展性、可管理性等方面要求较高。

从软件角度来看，在网络环境下，根据服务器提供的服务类型不同，服务器分为文件服务器、数据库服务器、应用程序服务器、Web 服务器等。其中 Web 服务器提供 Web 服务（即网站访问服务），需要安装 Web 服务软件，常用 Web 服务器软件有 Apache、Tomcat、IIS 等。

（3）IP。IP 是 Internet Protocol 的简称，即网络之间互连协议，也就是为计算机网络相互连接进行通信而设计的协议。在因特网中，它是能使连接到网上的所有计算机网络实现相互通信的一套规则，规定了计算机在因特网上进行通信时应当遵守的规则。任何厂家生产的计算机系统，只要遵守 IP 协议就可以与因特网互连互通。IP 地址具有唯一性，互联网上每台计算机想要与外界通信，都需要一个唯一的 IP 地址。

特殊 IP：127.0.0.1，代表本机。

（4）域名。域名（Domain Name）是由一串用点分隔的名字组成（如 www.baidu.com）的因特网上某一台计算机或计算机组的名称，用于在数据传输时标识计算机的位置。域名可以理解为 IP 地址的"面具"，其使用的目的是便于记忆和沟通。域名是一组服务器的地址（网站、电子邮件、FTP 等）。

特殊域名：localhost，代表本机。

（5）DNS。DNS（Domain Name System，域名系统）是因特网上作为域名和 IP 地址相互映射的一个分布式数据库，能够使用户更方便地访问互联网，而不用去记住能够被机器直接读取的 IP 数字串。通过主机名最终得到该主机名对应的 IP 地址的过程叫作域名解析（或主机名解析）。

用户在浏览器中输入域名，然后通过 DNS 进行解析，找到对应的服务器 IP，最终通过网络找到提供服务的服务器主机进行通信。

（6）端口。端口（Port）可以认为是设备与外界通信交流的出口。端口可分为虚拟端口和物理端口，其中虚拟端口指网络协议中的端口，是逻辑意义上的端口，不可见，如常见的 80 端口、21 端口、23 端口等。物理端口又称为接口，是可见端口。在本书中涉及的端口为虚拟端口。

2. 网站开发常见技术

不管是静态网站还是动态网站都属于 B/S 架构的系统，最终网站的效果要通过浏览器来呈现。根据网站代码工作的范畴可以将网站代码大致分为网站前端、服务器端、数据库三部分。在当前比较流行的前后端分离开发技术中，网站前端与服务器端通过 AJAX 与 JSON 技术能够实现清晰的分离式开发，在工作岗位上出现了专门的前端开发工程师和后端开发工程师，分别专注于前端交互与体验的设计实现，以及后端功能和性能的实现。

本书主要讲解使用 PHP 语言进行动态网站开发，除了讲解 PHP 的语言知识外，会使用 HTML、CSS、JavaScript 等前端技术，以及 MySQL 数据库和 Apache 服务器。接下来我们简要了解一下前端、服务器端开发及数据库相关技术。

（1）前端开发技术。

HTML：一种标签语言，被浏览器执行渲染。

CSS 样式：被浏览器加载和渲染，增强网页展示效果。

JavaScript：嵌入式脚本语言，被浏览器解析执行，增强网页的动态交互效果。

JQuery：基于 JavaScript 语言的框架，使用广泛，增强网页动态交互效果。

Bootstrap：基于 HTML、CSS、JavaScript 的响应式前端框架，通过提供的组件可以快速搭建前端项目。

Layui：基于 HTML、CSS、JavaScript 的响应式前端框架，通过提供的组件可以快速搭建前端项目，常用于后台系统的前端设计。

Vue.js：逐渐兴起的一个前端 JavaScript 库，不同于 JQuery 的 DOM 对象赋值，Vue.js 采用双向数据绑定，将对象与视图分离开，在处理前端复杂数据呈现上更有优势。

（2）服务器端开发技术。

.NET：基于 C#语言的动态网站开发技术，常搭配 IIS 服务器和 SQL Server 数据库使用。

JavaWeb 及其框架：基于 Java 语言的动态网站开发技术，常使用 Tomcat 服务器和 MySQL 数据库。

PHP 及其框架技术：基于 PHP 语言的动态网站开发技术，常使用 Apache 服务器和 MySQL 数据库。

（3）常用关系型数据库。

MySQL：体积小、速度快，总体拥有成本低，支持多种操作系统，使用广泛。

SQL Server：易用性好，只能运行于 Windows 系统。

Oracle：大型商业型数据库，功能强大，使用成本高。

【任务实施】

了解了网站开发相关术语和技术后，接下来我们搭建 PHP 开发环境。本书以 XAMPP（7.3.8 版本）为例演示如何安装 PHP 集成开发环境。

XAMPP 是一个免费、易于安装和使用的集成部署环境包，包括 Apache、MySQL、PHP 等组件，提供诸如 phpMyAdmin、FileZilla、Tomcat 等搭建 Web 环境的常用工具，支持 Windows、Linux 操作系统，是目前最流行的 PHP 开发环境。

小贴士　在 1+X Web 前端开发中级考试中，推荐使用 XAMPP 进行 PHP 开发环境的安装。

打开 XAMPP 的官方网址，在首页提供了不同操作系统最新 XAMPP 版本的下载地址，单击下载历史版本链接，选择 Windows 系统的 7.3.8 版本，根据网站提示步骤下载.exe 安装版本，如图 1-3 所示。

如果官网下载速度较慢，可以从百度搜索国内网站提供的下载链接，下载对应版本。

图 1-3　XAMPP 官网下载界面

下载完成后.exe 安装包如下。

🥇 xampp-windows-x64-7.3.8-2-VC15-installer.exe

单击执行.exe 文件安装，根据提示选择需要的组件进行安装，如图 1-4 所示。

图 1-4　XMAPP 安装示意图

　　这里我们选择 Apache 服务器、MySQL 数据库、PHP 语言组件，以及 MySQL 图形化操作系统 phpMyAdmin 这几个组件，如图 1-5 所示。选择完毕后，单击 Next 继续安装。

　　选择安装路径，建议不要安装在系统盘，这里修改安装目录为 D:\xampp，如图 1-6 所示，单击 Next 进入下一步。

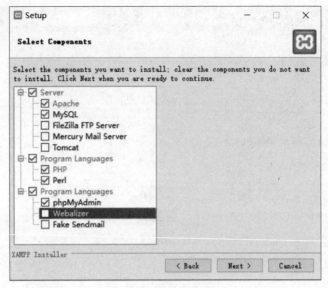

图 1-5　选择安装组件

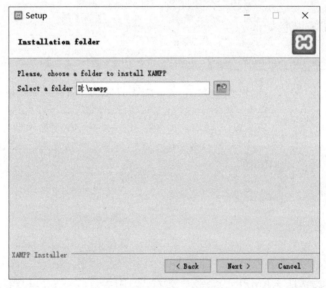

图 1-6　选择安装目录

等待完成各个组件的安装，安装完毕后启动 XAMPP 控制面板，单击 Start 启动其中的 Apache 和 MySQL 模块，如图 1-7 所示，绿色显示说明安装成功。

注意此时容易出现的安装问题是端口号冲突，Apache 默认使用端口号 80 和 443，MySQL 服务使用端口号 3306，若系统已安装软件占用了这几个端口号，则这里启动就会报错，读者可以根据控制面板的错误提示信息，修改对应软件端口号，解决端口占用冲突问题，XAMPP 中的 Apache 和 MySQL 就能够正常运行。

打开浏览器在地址栏中输入http://localhost，显示欢迎页面，此时 PHP 集成开发环境 XMAPP 安装完毕，并启动运行正常，如图 1-8 所示。

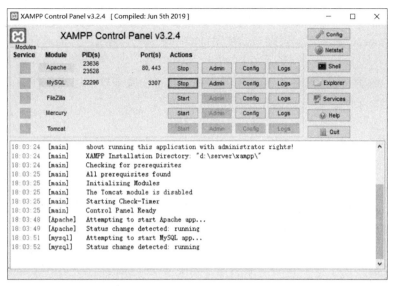

图 1-7 XAMPP 运行界面

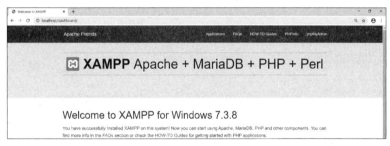

图 1-8 欢迎页面

【任务小结】

由于每个使用者的计算机系统配置、已有软件环境不同，安装过程中可能会出现各种问题，遇到报错，请认真阅读错误提示信息，根据提示信息，去互联网检索，一般可以找到解决方案。这个过程也是对安装环境的进一步掌握，环境搭建是学习编程的必经之路。本任务演示了 PHP 集成环境安装软件 XAMPP 的下载、安装、使用等过程，完成了 PHP 开发环境的搭建。

任务 2 编写欢迎程序

【任务描述】

本任务要求编写 PHP 欢迎页面程序，并通过 Apache 服务器发布，通过浏览器访问对应网址，在浏览器页面输出 "hello world"。

编写欢迎程序

【任务分析】

编写程序需要先安装开发工具，PHP 开发者有许多工具可以选择，如 Notepad、Sublime、

VSCode、PhpStorm 等，初学者可以选择一个简便好用的工具。编写好 PHP 程序后，通过使用 XAMPP 中的 Apache 服务器配置发布，在浏览器中输入对应 URL 网址进行访问，就可以测试程序运行效果。

　　PHP 程序的运行需要使用 XAMPP 提供的 Apache 服务器，在实施任务前，我们先学习 XAMPP 的使用，了解其目录结构和相关配置。

【知识链接】

1. 认识 XAMPP 面板

XAMPP 集成环境安装完毕后，我们来学习工具的使用。XAMPP 除了提供 PHP 语言、MySQL、Apache 组件外，还提供了很多快捷使用方式，方便使用者进行配置和调试，认识这些功能对后续 PHP 开发很有帮助。

（1）认识面板中的 Config。在面板中 Apache 启动项有对应的 Config 按钮，单击该按钮，可以看到弹出的子菜单，子菜单中有服务器常用配置文件的快捷打开方式，以及打开 Apache、PHP、phpMyAdmin 安装目录的选项，如图 1-9 所示。后续进行相关配置时，使用者可以直接从这里找到对应目录或者配置文件，非常便捷。

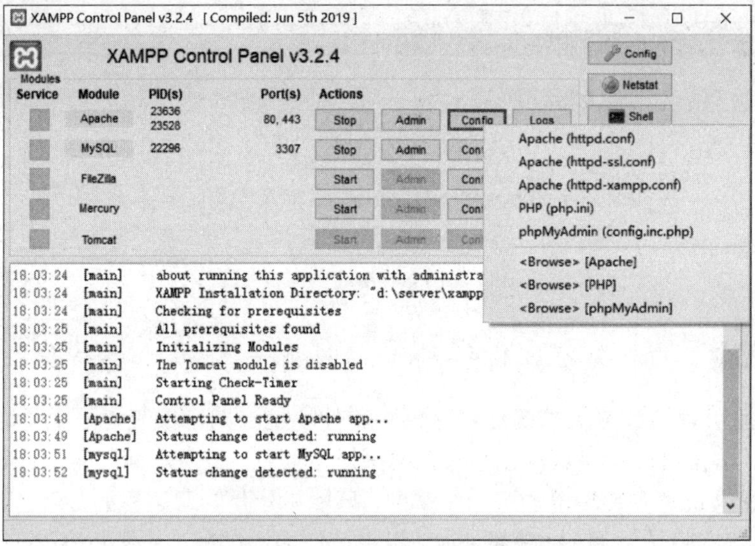

图 1-9　服务器 Config 配置

　　在 MySQL 对应的选项中单击 Config 配置按钮，弹出的菜单包括 MySQL 的关键配置文件 my.ini 的快捷打开方式以及数据库安装目录的链接，如图 1-10 所示。如果想要对 MySQL 进行相关配置，直接单击就可以打开配置文件或者目录。

　　在 XAMPP 控制面板右侧还有一个 Config 按钮，单击右侧的 Config 按钮，可以对 XAMPP 的语言、端口等进行配置，如图 1-11 所示。

　　（2）从面板中查看端口占用。单击 XMAPP 控制面板右侧的 Netstat 按钮，可以看到系统端口号占用情况，方便使用者进行端口占用情况检查，单击后显示效果如图 1-12 所示。

　　（3）从面板中启动命令行窗口。单击右侧的 Shell 按钮，可以快速地打开 cmd 命令行窗口，如图 1-13 所示，通过该窗口可以登录 XMAPP 集成环境安装的 MySQL 数据库服务器。

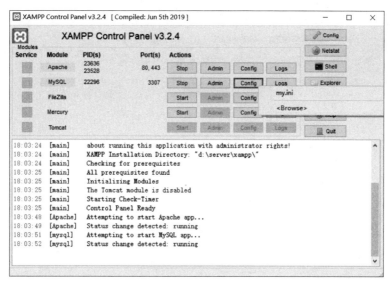

图 1-10　数据库配置

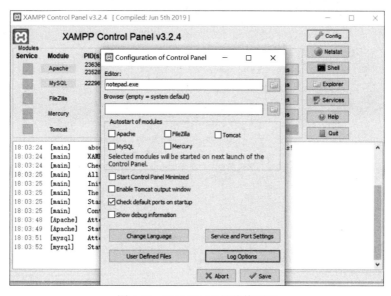

图 1-11　XAMPP 工具整体配置

（4）从面板中查看系统服务。单击 Services 按钮，会打开系统的服务组件，可以查看系统服务启动情况，如图 1-14 所示。

（5）查看版本信息。单击 Help 按钮，在弹出的菜单中单击 View ReadMe 按钮，会打开 XMAPP 的 readme 文档。在打开的文档中可以看到当前 XAMPP 的版本信息，以及所包含组件和软件的版本信息，如图 1-15 所示。

2. 目录结构与关键配置

（1）认识 XAMPP 根目录。打开 XAMPP 的安装目录，查看 XMAPP 的目录结构。熟识目录结构，能够帮助读者后续调试程序。XAMPP 根目录如图 1-16 所示。

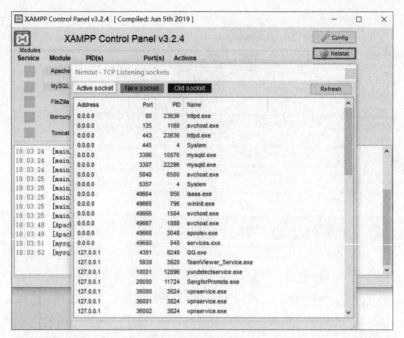

图 1-12　查看端口占用情况

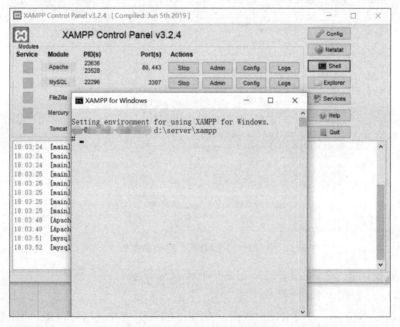

图 1-13　快速打开命令行窗口

　　简要介绍几个比较重要的子目录，其中 apache 目录是服务器所在目录，如果进行服务器配置，需要进入该目录查找服务器配置文件。php 目录是 PHP 语言的安装目录，如果对 PHP 语言进行配置修改，需要操作该目录下的配置文件。htdocs 是 Apache 服务器默认的网站根目录，默认配置情况下，必须将编写的 PHP 文件放在该目录下，才可以被 Apache 加载，并通过浏览器进行访问。

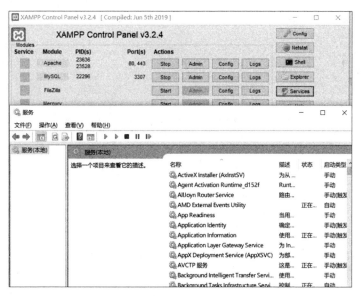

图 1-14 查看系统服务启动情况

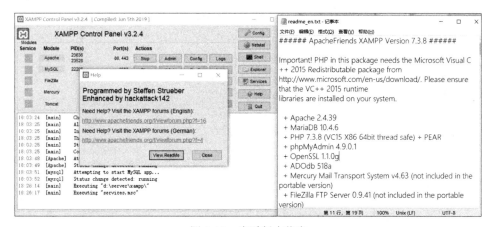

图 1-15 查看版本信息

anonymous	mailtodisk	apache start.bat	mercury stop.bat	uninstall.exe
apache	MercuryMail	apache stop.bat	mysql start.bat	xampp shell.bat
cgi-bin	mysql	catalina service.bat	mysql stop.bat	xampp start.exe
contrib	perl	catalina start.bat	passwords.txt	xampp stop.exe
FileZillaFTP	php	catalina stop.bat	properties.ini	xampp-control.exe
htdocs	phpMyAdmin	ctlscript.bat	readme de.txt	xampp-control.ini
img	sendmail	filezilla setup.bat	readme en.txt	xampp-control.log
install	src	filezilla start.bat	service.exe	
licenses	tmp	filezilla stop.bat	setup xampp.bat	
locale	webalizer	killprocess.bat	test php.bat	
mailoutput	webdav	mercury start.bat	uninstall.dat	

图 1-16 XAMPP 目录结构

（2）认识 apache 子目录。接下来进入 XAMPP 根目录下的 apache 子目录，介绍一下 Apache 服务器的目录结构和相关文件。其中 bin 目录存放 Apache 服务器相关的可执行文件，服务器 启动运行的文件也在这个目录中。conf 目录是配置文件目录，存放 Apache 服务器的配置文件，其中常用的配置文件如 httpd.conf，以及后续进行虚拟主机配置的 httpd-vhosts.conf 都在这个目录下，如图 1-17 所示。

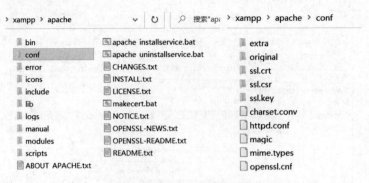

图 1-17 Apache 服务器目录结构

（3）认识 php 子目录。在 XMAPP 根目录下查看 php 文件夹，查看 PHP 语言所对应的目录结构。最常用的 PHP 语言配置文件 php.ini 就在该目录下，此外还有一些 PHP 的.dll 文件和 PHP 的可执行文件，如图 1-18 所示。

cfg	pci.css	install.txt	icuin64.dll
CompatInfo	php.gif	license.txt	icuio64.dll
data	php.ini	news.txt	icuuc64.dll
dev	php.ini-development	readme-redist-bins.txt	libcrypto-1-x64.dll
docs	php.ini-production	snapshot.txt	libenchant.dll
ext	php7embed.lib	pci	libpq.dll
extras	pharcommand.phar	pciconf	libsasl.dll
lib	CompatInfo.php	phpunit	libsodium.dll
man	webdriver-test-example.php	deplister.exe	libssh2.dll
pear	pci.bat	php.exe	libssl-1-x64.dll
sasl2	pciconf.bat	php-cgi.exe	nghttp2.dll
scripts	pear.bat	phpdbg.exe	php7apache2_4.dll
tests	peardev.bat	php-win.exe	php7phpdbg.dll
tmp	pecl.bat	glib-2.dll	php7ts.dll
windowsXamppPhp	phar.phar.bat	gmodule-2.dll	
www	phpunit.bat	icudt64.dll	

图 1-18 PHP 安装目录结构

【任务实施】

在了解了 XMAPP 使用、Apache 目录结构等知识之后，我们开始编写欢迎程序，首先安装编写 PHP 代码的工具。

PHP 开发者有许多工具可以选择，初学者可以选择一个简便好用的工具，待对 PHP 开发有一定了解后可以选择综合性较强的开发工具。本书中我们以 HBuilderX 作为演示使用。官网下载 HBuilderX 安装压缩包后，执行解压缩操作，在 HBuilderX 的目录中运行 HBuilderX.exe，如图 1-19 所示，即可打开 HBuilder。

图 1-19 HBuilderX 开发工具

在 1+X Web 前端开发中级考试中，推荐使用 HBuilder 进行程序编写。HBuilder 主要用于前端开发如 HTML、JavaScript、CSS 等，同时也支持服务器端语言如 PHP、JSP，对前端的预编译语言如 less、markdown 都可以编辑，当前最新版本是 HBuilderX，其历史版本可以从官方论坛网址寻找下载地址。

接下来我们编写一个 hello world 程序，运行并在服务器中查看。在打开的 Hbuilder 界面中，单击文件，选择打开目录，打开 XAMPP 安装目录下的 htdocs 目录，该目录是集成安装环境下 Apache 默认加载的目录，即当前 PHP 文件要放在这个目录下，才能被 Apache 服务器发布。打开目录后，在 htdocs 文件夹中创建 P1 文件夹，在 P1 中创建自定义文件 hello.php，输入如下 PHP 代码，代码的具体含义后续会详细讲解。

```php
<?php
    echo 'hello world';
?>
```

编写完成后进行保存。此时 HBuilder 会提示尚未安装 PHP 语言服务器插件，如图 1-20 所示，可以选择安装。安装完成后，再次输入 PHP 代码时会有代码提示信息，可以提升代码的编写效率。

图 1-20　插件安装提示

打开浏览器，在浏览器地址栏中输入http://localhost/p1/hello.php，如果修改了 Apache 服务器的默认 Web 服务端口号，则在地址中添加对应端口号，务必保证 XAMPP 中的 Apache 处于启动状态，浏览器中显示效果如图 1-21 所示，欢迎程序运行成功。

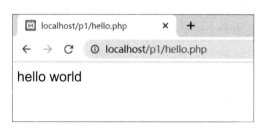

图 1-21　运行成功效果

【任务小结】

通过本任务，学习了开发工具安装、PHP 程序编写、Apache 服务器加载运行、客户端浏览器访问等知识点。完成本任务后，读者能够掌握 PHP 代码的编写运行过程，为后续学习打下基础。

项目拓展　配置虚拟主机

【项目分析】

配置虚拟主机

　　虚拟主机（Virtual Host）指并不存在真实的主机，但是可以提供真实主机所实现的功能。通俗地讲，虚拟主机就是将计算机中不同的文件夹进行不同的命名，实现让服务器根据用户的需求从不同的文件夹（网站）中读取不同的内容，从而虚拟出多个主机。

　　在 Apache 中，可以将虚拟主机划分成两类，一种是基于 IP 的虚拟主机：一台计算机上有多个 IP，每个 IP 对应一个网站。其原理是，计算机默认只有一个 IP，因为通常只配有一个网卡，但是有的计算机（服务器居多）可以配置多个网卡，每个网卡可以绑定一个 IP 地址。还有一种是基于域名的虚拟主机，一台计算机上只有一个 IP，同一个 IP 下可以制作多个网站，但是需要给每个网站取不同的名字，即设置虚拟主机名。

　　本项目要求完成基于域名的虚拟主机配置，通过实际操作，进一步熟悉和掌握 Apache 服务器常用配置。

【项目实施】

1. 开启 Apache 虚拟主机配置

　　在服务器主配置文件 httpd.conf 中加载虚拟主机配置，确认 Virtual hosts 选项是开启的，即 Include conf/extra/httpd-vhosts.conf 这句配置前面的符号"#"是去掉的，如图 1-22 所示。

图 1-22　开启 Apache 虚拟主机配置

2. 在 httpd-vhosts.conf 中配置虚拟主机

　　在 apache 目录下找到 conf/extra/httpd-vhosts.conf，打开配置文件，在文件末尾增加两个虚拟主机，分别是 localhost 和 www.test.com，及其对应的站点目录。两个虚拟主机分别对应 xampp 目录下的子目录 htdocs 和 htdocs\test。

　　因为一旦启用虚拟主机配置文件，那么默认的主机地址 localhost 就不再生效，但我们仍然想保留 localhost 主机，所以为 localhost 增加单独的虚拟主机，具体配置如图 1-23 所示。

　　为了虚拟机能够配置成功，我们还需要在 htdocs 目录下创建一个 test 子目录，在 test 子目录下创建一个 index.php 文件，文件内编写代码输出"这是 www.test.com 站点主页！"。

小贴士

注意配置文件中#是注释符号，以#开头的行是不起作用的。在设置站点目录时选择的是 Apache 服务器的默认文档根目录 apache\htdocs 下的子目录，因此不需要修改权限就可以读取，如果不是默认文档根目录下的子目录，则需要额外配置服务器的读取权限。

```
47   ##</VirtualHost>
48
49   <VirtualHost *:80>
50       # 增加的站点目录
51       DocumentRoot "D:\server\xampp\htdocs"
52       # 对应的主机名
53       ServerName localhost
54   </VirtualHost>
55   <VirtualHost *:80>
56       # 增加的站点目录
57       DocumentRoot "D:\server\xampp\htdocs\test"
58       # 对应的主机名
59       ServerName www.test.com
60   </VirtualHost>
```

图 1-23　虚拟主机配置

3. 增加域名解析 DNS

进入系统盘，找到系统的 hosts 文件，在 Windows 10 系统中，该文件所在目录为 C:\Windows\Sysytem32\drivers\etc，hosts 文件的主要作用是定义 IP 地址和主机名的映射关系，当用户在浏览器中输入一个域名网址时，系统会首先从 hosts 文件中寻找对应的 IP 地址。修改该系统文件，在文件末尾添加 httpd-vhosts.conf 中设置的域名 www.test.com，并映射到本机 IP，如图 1-24 所示。

```
15   #
16   #       102.54.94.97      rhino.acme.com          # source server
17   #        38.25.63.10      x.acme.com              # x client host
18   # localhost name resolution is handled within DNS itself.
19       127.0.0.1           localhost
20   #   ::1                 localhost
21       # 增加主机名与ip的映射 即域名解析
22       127.0.0.1           www.test.com
23
```

图 1-24　域名解析配置

4. 访问测试

重新启动 Apache 服务器，打开浏览器，在地址栏中输入www.test.com，浏览器显示 "这是www.test.com站点主页！"，输入 localhost 后按 Enter 键，显示 XAMPP 的默认欢迎页面，如图 1-25 所示，则虚拟主机配置成功。

图 1-25　测试效果

5. 访问权限配置

如果想要代码写在 apache\htdocs 目录之外的其他目录，例如 D:\demo 目录下有 index.php 文件，则需要修改 Apache 对该目录的访问权限，才能读取和加载该目录下的 PHP 文件。

在 httpd-vhosts.conf 文件中增加虚拟主机配置如下：

```
1   <VirtualHost *:80>
2       # 增加的站点目录
3       DocumentRoot "D:\demo"
4   # 对应的主机名
```

```
5        ServerName www.demo.com
6    </VirtualHost>
7    #配置项目文件夹的访问控制权限
8    <Directory "D:\demo">
9    #打开列表浏览功能
10        Options Indexes
11        #允许分布式配置文件覆盖主配置文件
12        AllowOverride All
13        #允许所有访问
14        Require all granted
15   </Directory>
```

第 1～7 行配置增加了虚拟主机站点 www.demo.com，对于站点目录 D:\demo，第 8～15 行通过<Directory>配置了目录 D:\demo 的访问权限，包括打开列表浏览功能、允许分布式配置文件覆盖主配置文件、允许所有访问 3 个主要配置。

完成虚拟主机配置后，在 hosts 文件中增加虚拟主机域名与 IP 的映射：127.0.0.1www.demo.com。重启服务器，打开浏览器测试运行，能够运行访问 D:\demo 目录下的 PHP 文件。

思考与练习

一、单选题

1. 开启 Apache 虚拟主机配置的命令需要修改的配置文件为（   ）。
   - A．httpd-vhosts.conf
   - B．httpd.conf
   - C．php.ini
   - D．hosts
2. 下面关于 PHP 语言说法错误的是（   ）。
   - A．PHP 是一种脚本语言
   - B．适合于 Web 系统开发
   - C．是一种支持面向对象的语言
   - D．不支持面向过程
3. Apache 服务器默认的 Web 服务端口号是（   ）。
   - A．8080
   - B．3306
   - C．80
   - D．443
4. PHP 语言核心配置文件是（   ）。
   - A．php.ini
   - B．httpd.conf
   - C．my.ini
   - D．hosts
5. 以下（   ）可以代表本机的 IP 地址。
   - A．192.168.1.1
   - B．255.255.255.0
   - C．localhost
   - D．127.0.0.1

二、多选题

1. XAMPP 套件中包括（   ）。
   - A．PHP
   - B．Apache
   - C．MySQL
   - D．Chrome
2. 动态网站开发技术有（   ）。
   - A．.NET
   - B．PHP
   - C．Android
   - D．SpringBoot

3．常用的 Web 服务器有（   ）。

    A．Apache   B．Tomcat   C．IIS   D．IP

4．以下属于前端开发技术的是（   ）。

    A．Bootstrap   B．JQuery   C．JavaScript   D．HTML

三、判断题

1．MySQL 服务默认服务端口号为 3306。   （   ）

2．虚拟主机目录只能设置在 htdocs 目录下。   （   ）

3．PHP 语言既支持面向过程，也支持面向对象。   （   ）

四、实操题

1．在自己计算机上部署 PHP 运行和开发环境，并搭建域名为www.book.com的虚拟服务器。

2．修改 Apache 默认的 Web 服务器端口号，并测试访问。

项目 2　PHP 基础编程与调试

学习一门语言，先要从基本语法开始，本项目通过 3 个任务讲解 PHP 基本变量与语句及分支结构、循环结构程序设计，练习使用 PHP 语言。最后通过九九乘法表的编写，综合练习变量定义、输出语句、分支与循环结构等基本语法知识。通过本项目的学习，能够实现基础 PHP 代码的识读。

- 掌握 PHP 输出语句
- 掌握变量与常量的定义与使用
- 掌握 PHP 数据类型
- 掌握分支结构程序设计
- 掌握循环结构程序设计

任务 1　输出学生信息

输出学生信息

【任务描述】

以列表的方式输出学生的学号、姓名、性别、年龄、联系电话等信息。

【任务分析】

学生的各项信息数据具有不同的数据类型，同时要求以列表的方式呈现。因此可以采用 HTML 中的列表<ul>标签，将学生的各项信息输出。

【知识链接】

1. PHP 代码标记

嵌入式语言都有代码标记，用来包裹代码，常用的 PHP 代码标记如下所示：

```
<?php          //开始标记
   //嵌入代码时,PHP 标记包裹 PHP 代码
   //如果只有 PHP 代码,结束标记可以省略
?>             //结束标记
```

2. PHP 注释

PHP 支持 3 种注释方式，使用 "//" 进行单行注释，使用 "/* */" 进行多行注释，此外还支持使用 "#" 进行 Shell 风格单行注释，如以下代码所示：

```php
<?php
    // 1.单行注释
    /*
    2.多行注释
    多行注释
    */
        # 3.单行注释
?>
```

3. PHP 输出语句

PHP 常用的输出语句有 4 种，分别是 echo、print、print_r() 和 var_dump()，4 种输出语句输出效果不同，演示代码和功能如下所示。

（1）echo。echo 可以输出字符串、表达式、常量和变量，输出多个数据时，使用逗号（,）分隔，示例代码如下：

```php
echo 'true',3+4,'<br/>';        //输出多个数据
echo 'sum=',20 + 30;            //输出 sum=50
```

（2）print。print 语句与 echo 用法相同，唯一的区别是 print 语句只能输出一个值，示例代码如下：

```php
print 'hello world'
```

（3）print_r()。print_r() 是 PHP 的内置函数，支持任意类型数据，但是一次只能输出一个数据。

```php
print_r([1,2,3]);        //输出结果:Array ( [0] => 1 [1] => 2 [2] => 3 )
```

（4）var_dump()。var_dump() 也是 PHP 的内置函数，可以输出一个或者多个任意类型数据，同时输出元素类型和个数。

```php
var_dump('hello',true);        //输出结果:string(5) "hello" bool(true)
var_dump([1,2,3]);             //输出结果:array(3) { [0]=> int(1) [1]=> int(2) [2]=> int(3) }
```

4. PHP 常量与变量

（1）常量。常量是程序运行过程中值保持不变的量，一旦定义就不能再修改。常量的命名要符合 PHP 标识符的命名规则。

PHP 中的常量分为自定义的常量和 PHP 内置常量。

PHP 中常量自定义有两种常用方式，通过 define() 函数和 const 关键字定义。

```php
define('PI',3.14);           //通过 define()函数定义常量
const E=2.718;               //通过 const 关键字定义常量
echo '圆周率=',PI,'</br>';
echo '自然常数 E=',E;
```

（2）变量。变量是任何程序设计语言中一个基础而且重要的概念，变量可以理解为临时存储值的容器，它可以存储数字、文本或者一些复杂的数据等。PHP 是一种弱类型语言，使

用变量前不用提前声明，变量在第一次赋值时会被自动创建。

声明 PHP 变量时必须先使用符号$，后面跟变量名来表示，然后再使用符号=给这个变量赋值，如下所示：

```php
<?php
    $a = 1;
    $b = 2;
    $c = 3;
    echo $a.', '.$b.', '.$c;
?>
```

变量名并不是可以随意定义的，PHP 规定了变量的命名规范，一个有效的变量名应该满足以下几点要求：

- 变量必须以$符号开头，其后是变量的名称，$不是变量名的一部分。
- 变量名只能包含字母（a~z 或 A~Z）、数字（0~9）和下划线（_）。
- 变量名必须以字母或下划线开头，不能以数字开头。
- 与其他语言不同的是，PHP 中的一些关键字也可以作为变量名（例如 $true、$for）。

以下代码中声明的变量都是错误的：

```php
<?php
    $1122_num = 11111;          // 变量名不能以数字开头
    $~%_str = "PHP 教程";        // 变量名不能包含特殊字符
?>
```

运行以上代码会提示语法错误。

（1）PHP 中的变量名是区分大小写的，因此$var 和$Var 表示的是两个不同的变量。

```php
<?php
    $name = "C 语言中文网";          // 变量名为:name,变量值为:C 语言中文网
    $url = "http://c.biancheng.net/";   // 变量名为:url,变量值为:http://c.biancheng.net/
    $Url = "http://c.biancheng.net/php/"; // 变量名为:Url,变量值为:http://c.biancheng.net/php/
    $_str = "PHP 语言";             // 变量名为:_str,变量值为:PHP 语言
    echo $name.'<br>'.$url.'<br>'.$Url.'<br>'.$_str;
?>
```

（2）虽然以字母和下划线开头，后面跟随中文字符也可以作为变量名称，但是并不建议这么做。

（3）建议定义的变量名要有一定的意义，例如使用 name 表示姓名；使用 url 表示网站链接等。

（4）当使用多个单词构成变量名时，可以使用下面的命名规范。

- **驼峰式命名法（推荐使用）**：第一个单词全小写，后面的单词首字母大写，例如$getUserName、$getDbInstance。
- **下划线命名法**：将构成变量名的单词以下划线分割，例如 $first_name、$last_name。

5. PHP 的数据类型

PHP 最初源于 Perl 语言，与 Perl 类似，PHP 对数据类型采取较为宽松的态度，是一种弱类型的编程语言，变量定义时不需要声明数据类型，变量数据类型会根据所赋的值自动获取。

PHP 的数据类型可以分为 3 大类，分别是标量数据类型、复合数据类型和特殊数据类型，下面我们就来详细介绍一下这些数据类型。

（1）标量数据类型。标量数据类型用来存储数据，PHP 中标量数据类型有布尔型、字符串、整型和浮点型 4 种，见表 2-1。

表 2-1　PHP 标量数据类型

类型	功能
boolean（布尔型）	最简单的数据类型，只有两个值：true（真）/ false（假）
integer（整型）	整型包含所有的整数，可以是正数、负数
float（浮点型）	浮点型也是用来表示数字的，与整型不同，除了可以表示整数外它还可以用来表示小数和指数
string（字符串）	字符串是连续的字符序列

1）布尔型。布尔型只有两种值，分别是 true 和 false（不区分大小写），表示逻辑真和逻辑假，示例代码如下：

```php
<?php
    $x = True;
    $y = faLsE;
    var_dump($x, $y);          //执行结果:bool(true) bool(false)
?>
```

2）整型。在 PHP 中，整型表示为 integer 或 int，用来表示一个整数，可以是正数或负数。整型的取值范围介于-2E31 到 2E31 之间，可以用 3 种格式来表示，分别是十进制、十六进制（以 0x 为前缀）和八进制（以 0 为前缀）。

下面通过示例演示整型的使用，代码如下：

```php
<?php
    $x = 10345;                //定义十进制整型数据变量
    var_dump($x);              //运行结果:int(10345)
    echo "<br>";
    $x = -135;
    var_dump($x);              //运行结果:int(-135)
    echo "<br>";
    $x = 0x8F;                 //定义十六进制数据变量
    var_dump($x);              //运行结果:int(143)
    echo "<br>";
    $x = 057;                  //定义八进制数据变量
    var_dump($x);              //运行结果:int(47)
?>
```

3）浮点型。浮点型也称为 float 类型，用来存储整数和小数，有效的取值范围是 1.8E-308～1.8E+308，浮点数的精确度比整型数据类型要高。

示例代码如下：

```php
<?php
    $num1 = 30.35;
    $num2 =12.4e4;
    $num3 = 2E-5;
var_dump($num1, $num2, $num3);        //运行结果:float(30.35) float(124000) float(2.0E-5)
?>
```

4）字符串。字符串是连续的字符序列，PHP 中统一将字符和字符串作为字符串数据类型。在 PHP 中，定义字符串有 3 种方式，分别是单引号方式、双引号方式、Heredoc 方式。

PHP 对单引号和双引号数据的处理有所不同，双引号中的变量名可以被解析，而单引号中的变量名被认为是普通字符。

Heredoc 方式有开始和结束标记，开始标记以<<<开始，后面紧跟标识符名称，结束标记的标识符名称与开始标识符必须相同，并且必须位于当前行的第一列。

下面通过示例代码进行演示。

```php
<?php
//双引号方式声明字符串
  $str1 = "C 语言";
  $str2 = "$str1 中文网";
  //单引号方式声明字符串
  $str3 = 'PHP 教程';
  //Heredoc 方式声明字符串
  $str4 = <<<EOF
  $str3 url:<br/>
  http://c.biancheng.net/php/
  EOF;
  echo $str2."<br/>".$str4;
?>
```

上述代码中，$str2 字符中引用了变量$str1。定义 Heredoc 结构时，使用 EOF 标识符定义的字符串数据中，引用了变量$str3，执行结果如图 2-1 所示。

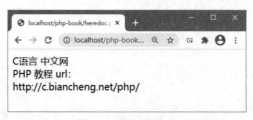

图 2-1　显示字符串

从图中可以看到，使用双引号和 Heredoc 语法结构可以解析字符串中的变量。

（2）复合数据类型。复合数据类型允许将多个类型相同的数据聚合在一起，表示为一个实体项。复合数据类型包括数组（Array）和对象（Object）。下面对其进行简单介绍，详细用法在后面的项目中讲解。

1）数组。数组是一组数据的集合，是将数据按照一定规则组织起来形成的一个整体。数组的本质是存储管理和操作一组变量。按照数组的维度划分，数组分为一维数组、二维数组和多维数组。以下示例代码中声明了数组：

```php
<?php
    $arr = array(name=> '小张', 'score' => '99');
var_dump($arr);
?>
```

以上代码的执行结果如下：

```
array(2) { ["name"]=> string(6) "小张" ["score"]=> string(2) "99" }
```

2）对象。支持面向对象的语言可以把各个具体事物的共同特征和行为抽象成一个实体，称之为一个"类"，而对象是类使用 new 关键字实例化后的结果。

对象可以用于存储属性和方法，在 PHP 中，必须使用 class 关键字来声明类对象，并在类中定义属性和方法，在实例化的对象中使用属性数据和方法，以下为示例代码：

```php
<?php
    class Car                    //使用 class 声明一个类对象
        {
            var $color;
            function setColor($color) {
                $this->color = $color;
            }
            function getColor() {
                return $this->color;
            }
        }
    $car = new Car();
    $car->setColor('black');
    echo $car->getColor();
?>
```

（3）特殊数据类型。在 PHP 中，有用来专门提供服务或数据的数据类型，它不属于上述标准数据类型中的任意一类，因此也被称为特殊数据类型，主要包括 NULL 和资源数据类型。

1）NULL。PHP 中 NULL 是一种特殊的数据类型，它只有一个值，即 NULL，表示空值（变量没有值），需要注意的是它与空格的意义不同。当满足下列条件时，变量的值为 NULL。

● 变量被指定为 NULL 值。

● 变量在没有被赋值前，默认值为 NULL。

● 使用 unset()函数删除一个变量后，这个变量值也为 NULL。

NULL 通常可以用来清空一个变量，示例代码如下：

```php
<?php
    $str = 'helloworld ';
    $str = NULL;
    var_dump($str);              //运行结果:NULL
?>
```

2）资源数据类型。在 PHP 中资源同样是一种特殊的数据类型。它主要描述 PHP 的扩展资源。例如，一个数据库查询、一个打开的文件句柄或一个数据库连接以及字符流等扩展类型。

我们不能直接操作资源数据类型，只能通过专门的函数来使用。例如使用 fopen()函数打开一个本地文件，示例代码如下：

```php
<?php
    header("content-type:text/html;charset=utf-8");          //设置编码,解决中文乱码
    $file = fopen("test.txt", "rw");                         //打开 test.txt 文件
    var_dump($file);                                         //运行结果:resource(3) of type (stream)
?>
```

资源是 PHP 提供的特殊数据类型，它可以在 PHP 脚本中做自定义扩展，它的所有属性都是私有的，可以暂时将其理解为面向对象中的一个实例化对象。

6. 认识 PHP 运算符

运算符是指通过一个或多个表达式来产生另外一个值的某些符号，如"+""%"".""等都是运算符。PHP 语言中常见的运算符见表 2-2。

表 2-2　PHP 运算符

运算符	功能
算术运算符	进行数学运算
赋值运算符	将值或表达式运算结果赋值给变量
比较运算符	对表达式或值进行比较，返回 true 或 false
逻辑运算符	进行与、或、非逻辑运算，返回 true 或 false
递增 / 递减运算符	对变量进行自增或自减
字符串运算符	用于字符串连接
位运算符	对整型数中指定的位进行求值和操作
错误控制运算符	用于忽略因表达式错误产生的错误信息
类型运算符	instanceof 用于确定一个 PHP 变量是否为某个类的实例

每种运算符都有各自的作用，下面对这些运算符及运算符优先级进行详细介绍。

（1）算术运算符。算术运算符是处理四则运算（加、减、乘、除 4 种运算）的符号，在数字的处理中应用得最多。常用的算术运算符见表 2-3，假设表中$a 的值为 8，$b 的值为 5。

表 2-3　算术运算符

运算符	运算	样例	结果
-（取负）	取反	-$a	-8
+	加法	$a + $b	13
-	减法	$a - $b	3
*	乘法	$a * $b	40
/	除法	$a / $b	1.6
%	取模	$a % $b	3
**	求幂	$a ** $b	32768

使用算术运算符时，有以下几点需要注意。

- 操作数中有浮点数（float）时，运算结果也总是浮点数。例如，0.5*0.3 结果为 0.15。当整数与浮点数进行运算时，结果类型也是浮点型。例如，5/8 的结果为 0.625。
- 使用%进行取模运算时，运算结果的符号与除数无关，与被除数一致。例如，-25%6 的结果为-1，而 25%-6 的结果为 1。

分别使用上述几种算术运算符进行运算，代码如下所示：

```php
<?php
    $a = -100;
    $b = 70;
    $c = 20;
    echo '$a = '.$a.', $b = '.$b.', $c = '.$c.'<br>';
    echo '$a + $b = '.($a + $b).'<br>';
    echo '$a - $b = '.($a - $b).'<br>';
    echo '$a * $c = '.($a * $c).'<br>';
    echo '$b / $c = '.($b / $c).'<br>';
    echo '$b % $c = '.($b % $c).'<br>';
?>
```

运行结果如下：

```
$a = -100, $b = 70, $c = 20
$a + $b = -30
$a - $b = -170
$a * $c = -2000
$b / $c = 3.5
$b % $c = 10
```

（2）赋值运算符。在 PHP 中的赋值运算符见表 2-4，假设表中$a 的值为 8，$b 的值为 5。

表 2-4　赋值运算符

运算符	运算	样例	结果
=	赋值	$a=100	100
+=	加并赋值	$a += $b	13
-=	减并赋值	$a -= $b	3
*=	乘并赋值	$a *= $b	40
/=	除并赋值	$a /= $b	1.6
%=	取模并赋值	$a %= $b	3
**=	求幂并赋值	$a **= $b	32768
.=	字符串连接并赋值	$x='a';$x.='b';	ab

最基本的赋值运算符是=，用于对变量进行赋值操作，其他运算符和赋值运算符联合使用，构成了组合赋值运算符。

应用赋值运算符给指定变量赋值，并计算结果，代码如下所示：

```php
<?php
    $a = 9;
```

```
        $b = 6;
        echo '$a = '.$a.', $b = '.$b.'<br>';
        echo '$a += $b  的值为:'.($a += $b).'<br>';
        echo '$a -= $b  的值为:'.($a -= $b).'<br>';
        echo '$a *= $b  的值为:'.($a *= $b).'<br>';
        echo '$a /= $b  的值为:'.($a /= $b).'<br>';
    ?>
```

运行结果如下：

```
$a = 9, $b = 6
$a += $b  的值为:15
$a -= $b  的值为:3
$a *= $b  的值为:54
$a /= $b  的值为:1.5
```

对于组合赋值运算符，以$a += $b 为例，是先将变量$a 与$b 相加，再将运算结果赋值给变量$a。其他组合赋值运算的执行原理是一样的。

> 💡 **小贴士**
>
> 编程语言中，"="运算符不是数学意义上的"相等"，而是将"="右边表达式的计算结果赋值给左边的变量，而且使用"="可以同时给多个变量赋值，如以下代码所示：
>
> $x = $y = $m = $n = 200;
>
> "="运算符的结合性为"从右向左"，因此上述代码中，先将 200 赋值给$n，再把$n 赋值给$m，以此类推，最后赋值给变量$x。

（3）比较运算符。比较运算符用于对变量或表达式的结果进行比较，运算结果为布尔型数据 true 或 false。表 2-5 中列出了 PHP 中的比较运算符，假设表中$a 的值为 8，$b 的值为 5。

表 2-5　比较运算符

运算符	运算	样例	结果
==	等于	$a=='8'	true
===	全等	$a === '8'	false
!=	不等于	$a != '8'	false
!==	不全等	$a !== '8'	true
<>	不等于	$a <>'8'	false
<	小于	$a < $b	false
>	大于	$a > $b	true
<=	小于等于	$a <= $b	false
>=	大于等于	$a >= $b	true
<=>	组合比较符	$a<=>8	0
??	NULL 合并操作符	$x=null;$y=20;$x ?? $y	20

对于比较运算符，有以下几点需要说明。

1）进行比较运算时，如果两个操作数都是数字字符串，或者一个是数字另一个是数字字符串，都会自动按照数值进行比较。

2）等于运算符（==）只是对两个变量的值进行比较，全等运算符（===）不仅对两个变量的值进行比较，而且还会对数据类型进行比较，只有当值和数据类型都相等时，运算结果才是 true。

3）不等运算符（!=）和不全等运算符（!==）比较的原则与上面所讲是一样的，例如 8!='8' 的值为 false，而 8!=='8'的值为 true，因为运算符两边值的数据类型是不同的。

4）对于组合比较符（<=>），例如，$a<=>$b，当$a 小于、等于、大于 $b 时，分别返回一个小于、等于、大于 0 的 int 值。

接下来我们通过示例程序，演示==和===运算符的使用，实现代码如下：

```php
<?php
    $a = 10;
    $b = '10';
if($a == $b){
        echo '$a 和$b 的值相等！<br>';
if($a === $b){
            echo '$a 和$b 的类型也相等！<br>';
    }else{
            echo '$a 和$b 的类型不相等！<br>';
        }
    }else{
        echo '$a 和$b 的值不相等！<br>';
    }
?>
```

运行结果如下。

```
$a 和$b 的值相等！
$a 和$b 的类型不相等！
```

（4）逻辑运算符。逻辑运算符一般用于对布尔型数据进行运算，计算结果仍然是布尔型的 true 或 false。表 2-6 中列出了 PHP 中的逻辑运算符。

表 2-6　逻辑运算符

运算符	运算	样例	结果
&&	与	$a &&$b	$a 和$b 都为 true 时，结果为 true，否则为 false
||	或	$a || $b	$a 和$b 都为 false 时，结果为 false，否则为 true
xor	异或	$a xor $b	$a 和$b 一个为 true 一个为 false 时，结果为 true，否则为 false
!	非	!$a	当$a 为 false 时，结果为 true
and	与	$a and $b	与&&运算相同，但优先级较低
or	或	$a or $b	与||运算相同，但优先级较低

对于"与"运算和"或"运算，有以下两点需要说明。

1）当进行"与"运算时，如果左边表达式的值为 false，将不会再计算右边表达式的值，而是直接返回结果 false。

2）当进行"或"运算时，如果左边表达式的值为 true，将不会再计算右边表达式的值，而是直接返回结果 true。

接下来我们通过示例程序演示说明，逻辑运算示例代码如下：

```php
<?php
    $a = 3;
    echo '执行前:$a='. $a .' ';          //显示结果:执行前:$a=3
    (1 == 2) && $a = 6;                  //左边结果为 false,则右边$a = 6 不会执行
    echo '执行后:$a='. $a;               //显示结果:执行后:$a=3
    echo '<br>';
    $b = 3;
    echo '执行前:$b='. $b .' ';          //显示结果:执行前:$b=3
  (1 == 1) || $b = 6;
  echo '执行后 1:$b='. $b.' ';           //显示结果:执行后 1:$b=3
    (1 == 2) || $b = 6;                  //左边结果为 false,则执行右边的操作
    echo '执行后 2:$b='. $b;             //显示结果:执行后 2:$b=6
?>
```

（5）递增 / 递减运算符。PHP 支持 C 语言风格的前/后递增与递减运算符，也称为自增/自减运算符，用法见表 2-7。

表 2-7　递增/递减运算符

运算符	运算	范例	结果
++	自增（前）	$a=2;$b=++$a	$a=3;$b=3
	自增（后）	$a=2;$b=$a++	$a=3;$b=2
--	自减（前）	$a=2;$b=--$a	$a=1;$b=1
	自减（后）	$a=2;$b=$a--	$a=1;$b=2

与 C 语言的自增、自减运算规则相同，PHP 中自增、自减运算也分为先加减和后加减，"++" 或 "--" 放在操作数前面的，先进行自增或自减运算，再进行其他运算；"++" 或 "--" 放在操作数后面的，先进行其他运算，再进行自增或自减运算。

PHP 中使用自增、自减运算符时，需要注意以下几点。

● 　递增和递减运算符只针对纯数字或字母（a~z 和 A~Z）。

● 　对于值为字母的变量，只能递增不能递减（如$x 值为'a'，则++$x 结果为'b'）。

● 　当操作数为布尔型数据时，递增递减操作对其值不产生影响。

● 　当操作数为 NULL 时，递增的结果为 1，递减不受影响。

（6）字符串运算符。PHP 中字符串运算符只有一个点符号（.），用于连接两个字符串，形成一个新的字符串。使用过 C 或 Java 语言的读者应注意，PHP 里的 "+" 只能用作算术加法运算，不能作为字符串运算符。

以下示例代码中，使用字符串运算符 "." 拼接两个字符串。

```php
<?php
    $str1 = 'PHP';
    $str2 = '数据类型';
    $str3 = $str1.$str2;
    echo $str3;                          //显示结果:PHP 数据类型
```

```
?>
```

（7）位运算符。位运算符对整型数中指定的位进行操作，PHP 中的位运算符见表 2-8。

表 2-8　位运算符

运算符	运算	样例	说明
&	按位与	$a & $b	$a 与 $b 的每一位进行"与"运算
|	按位或	$a | $b	$a 与 $b 的每一位进行"或"运算
^	按位异或	$a ^ $b	$a 和$b 按位异或，相同为 0，不同为 1
~	按位取反	~ $a	将$a 中的每一位取反
<<	左移	$a << $b	将 $a 左移 $b 次（每一次移动都表示乘以 2）
>>	右移	$a >> $b	将 $a 右移 $b 次（每一次移动都表示除以 2）

PHP 中，整型数据和字符型数据都可以进行位运算。进行位运算之前，系统将所有操作数转换为二进制数，对于字符型数据是将其 ASCII 码转换为二进制数据，然后再按位进行运算。以下示例演示了 PHP 中的位运算。

```php
<?php
    $m = 8;
    $n = 12;
    echo '$m = '.$m.', $n = '.$n.'<br>';
    echo '$m & $n = '.($m & $n).'<br>';
    echo '$m | $n = '.($m | $n).'<br>';
    echo '$m ^ $n = '.($m ^ $n).'<br>';
    echo '~ $m = '.(~$m).'<br>';
    echo '$m << $n = '.($m << $n).'<br>';
    echo '$m >> $n = '.($m >> $n);
?>
```

运行结果如下：

```
$m = 8, $n = 12
$m & $n = 8
$m | $n = 12
$m ^ $n = 4
~ $m = -9
$m << $n = 32768
$m >> $n = 0
```

（8）错误控制运算符。在 PHP 中，运算符@被作为错误控制运算符，把它放在一个 PHP 表达式之前，该表达式可能产生的任何错误信息都被忽略掉。例如，执行以下程序代码：

```php
<?php
    echo 10/0;
    echo "<br/>";
    echo "end";
?>
```

执行后，页面中会报告 Division by zero 的错误信息，如图 2-2 所示。

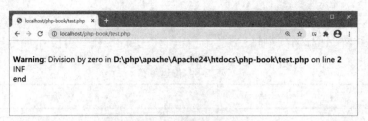

图 2-2   出错提示信息

在出现错误的代码中添加@运算符后，代码如下：

```php
<?php
    echo @(10/0);
    echo "<br/>";
    echo "end";
?>
```

添加错误控制运算符之后，程序运行界面如图 2-3 所示。

图 2-3   添加@运算符后的页面

从图中运行结果可以看到，虽然程序中有异常错误，但是并没有显示提示信息。

（9）类型运算符。PHP 中使用 instanceof 语句来检测一个 PHP 变量是否属于某一类的实例。以下为示例代码，类的创建和实例化在后续项目中进行介绍，这里读者只要了解即可。

```php
<?php
    class MyClass{ }
    $a = new MyClass;
    $b = new MyClass;
    $c = 'MyClass';
    $d = 'NotMyClass';
    var_dump($a instanceof $b);          //显示结果:true
    var_dump($a instanceof $c);          //显示结果:true
    var_dump($a instanceof $d);          //显示结果:false
?>
```

（10）运算符优先级。在一个表达式中，往往会使用多个不同的运算符，当不同的运算符同时出现在同一个表达式中时，就必须遵循一定的运算顺序进行运算，这就是运算符的优先级。PHP 的运算符在运算中遵循的规则是：优先级高的运算先执行，优先级低的运算后执行，同一优先级的运算按照从左到右的顺序执行。当然也可以像四则运算那样使用小括号，括号内的运算最先执行。

PHP 中各运算符的优先级见表 2-9。

表 2-9　运算符优先级说明

结合方向	运算符	结合方向	运算符
无结合	new	从左向右	^
从右向左	**	从左向右	|
从右向左	++、--、~、(int)、(float)、(string)、(array)、(object)、(bool)、@	从左向右	&&
无结合	instanceof	从左向右	||
从右向左	!	从右向左	??
从左向右	*、/、%	从左向右	? :
从左向右	+、-、.	从右向左	=、+=、-=、*=、**=、/=、.=、%=、&=、|=、^=、<<=、>>=
从左向右	<<、>>	从左向右	and
无结合	<、<=、>、>=	从左向右	xor
无结合	==、!=、===、!==、<>、<=>	从左向右	or
从左向右	&	从左向右	,

需要说明的是，表达式中小括号的优先级最高。程序设计过程中，当表达式构成比较复杂时，可以适当使用小括号来明确运算符的优先级，避免错误的发生。

【任务实施】

PHP 代码可以嵌入 HTML 脚本中，本项目通过列表形式显示学生信息。创建 case01.php 文件，示例代码如下：

```
<body>
  <ul>
    <?php
      // 以列表的方式输出学生的学号、姓名、性别、年龄、联系电话等信息。
      $str = '';
      $str .= '<li>学号:20000101</li>';
      $str .= '<li>姓名:张小明</li>';
      $str .= '<li>性别:男</li>';
      $str .= '<li>年龄:19</li>';
      $str .= '<li>联系电话:12509019900</li>';
      echo $str;
    ?>
  </ul>
</body>
```

通过以上代码可以看到，PHP 代码嵌入 HTML 脚本中，变量$str 初始值为空字符串，然后通过字符串连接，生成由多个<li>元素组成的字符串，每个<li>元素中是一条学生信息。以上代码执行效果如图 2-4 所示。

图 2-4　显示学生信息

【任务小结】

本任务主要学习了 PHP 变量与常量的定义和使用、PHP 数据类型及各种运算符的使用方法，通过在 HTML 中嵌入 PHP 脚本，实现了学生信息的显示。本任务案例代码比较简单，读者在后续学习程序结构及函数相关知识之后，可以将案例进行补充和完善。

任务 2　判断闰年

判断闰年

【任务描述】

闰年是日常生活中常见的历法名词，每隔 4 年出现一次。在本任务中对给定的年份，通过计算判断是否为闰年，输出相应的提示信息。

【任务分析】

对一个年份 year，判断是否是闰年的标准是：year 能够被 400 整除，或者能够被 4 整除但不能被 100 整除。因此对于给定的年份值，需要使用分支结构的程序进行判断。

任何编程语言按照流程划分，都包括顺序结构、分支结构和循环结构。顺序结构程序的特点是程序按照代码的先后顺序执行，此前我们编写的代码是顺序结构。为了完成本任务，我们先学习 PHP 中的分支结构程序设计。

【知识链接】

PHP 分支结构包括 if 语句、if-else 语句、if-else if-else 语句以及 switch 语句，下面逐一进行讲解。

1. if 语句

if 语句又称为单分支语句，语法结构如下：

```
if(条件表达式)
{
    语句块;
}
```

当条件表达式的值为 true 时，才会执行大括号中的语句块，否则不进行任何处理。if 结构流程图如图 2-5 所示。

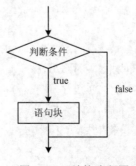

图 2-5　if 结构流程图

我们通过一个程序示例演示 if 语句的执行，判断系统生成的随机数是否为偶数，代码如下所示：

```php
<?php
$num = rand(1,100);
  if ($num % 2 == 0) {
        echo '$num ='.$num.'，是偶数！';
  }
?>
```

上述代码中，rand(1,100)用于生成 1~100 之间的随机整数，$num % 2 == 0 为条件表达式，当此表达式计算结果为 true 时，说明变量$num 是偶数，显示提示信息；如果条件表达式计算结果为 false，说明变量$num 为奇数，但是没有任何显示结果。这是单分支程序的缺点，无法对不符合条件的情况进行处理。

以上代码每次运行都会生成一个随机数，其中一个运行结果如下所示：

```
$num =34，是偶数！
```

2. if-else 语句

if-else 语句又称为"双分支"，可以解决上面提到的单分支的缺陷，语法结构如下：

```
if(条件表达式){
    语句块 1；
}else{
    语句块 2；
}
```

当条件表达式的值为 true 时，执行语句块 1，否则执行 else 部分的语句块 2。与单分支结构不同的是，当条件表达式的值为 true 或 false 时，if-else 结构会执行不同的语句块。if-else 流程图如图 2-6 所示。

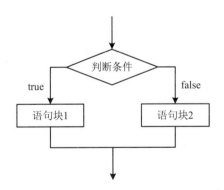

图 2-6   if-else 结构流程图

以下示例使用 if-else 结构修改了 if 结构示例中无法判断奇数的缺陷，实现代码如下：

```php
<?php
    $num = rand(1,100);   //生成一个 1~100 之间的随机数
    if ($num % 2 == 0) {
        echo '$num ='.$num.'，是偶数！';
    } else {
        echo '$num ='.$num.'，是奇数！';
```

```
    }
?>
```

上述代码中，如果$num 变量能够被 2 整除，则提示其为偶数，否则执行 else 后面的语句块，提示其为奇数。代码运行多次，每次生成随机数都会有显示结果，以下为结果演示样例：

```
$num =27, 是奇数！
$num =24, 是偶数！
```

3. 三元运算

如果 if-else 结构语句块只有一条语句，可以改写为三元运算表达式。三元运算表达式的语法格式如下：

```
(expr1)?(expr2):(expr3);
```

如果条件 expr1 成立，则执行语句 expr2，否则执行 expr3。

接下来通过使用三元运算实现判断随机数的奇偶性，实现代码如下：

```php
<?php
  $num = rand(1,100);
  echo ($num % 2 == 0) ?'$num ='.$num.', 是偶数！':'$num ='.$num.', 是奇数！';
?>
```

上述代码执行效果与使用 if-else 结构完全相同。

需要说明的是，所有三元运算表达式都可以使用 if-else 结构代替，但是不是所有 if-else 分支结构都可以使用三元运算表达式改写，分支语句块中只有一条语句的情况才适用。

4. if-else if-else 语句

if-else if-else 语句结构也称为多分支结构，语法结构如下：

```
if(条件表达式 1){
   语句块 1;
}
else if(条件表达式 2){
   语句块 2;
}
else if(条件表达式 3){
   语句块 3;
}
……
else{
   语句块 n;
}
```

多分支结构用于多个条件的判断与执行。当条件表达式 1 的值为 true 时，执行语句块 1，否则再判断条件表达式 2，当条件表达式 2 的值为 true 时，执行语句块 2，否则再继续判断条件表达式 3 的值为 true 还是 false，以此类推，当所有条件计算值都为 false 时，才会执行最后 else 中的语句块。虽然是多个条件的判断，但是每个条件表达式的判断都是在前一个条件表达式的值为 false 时，才会进行计算。多分支语句流程图如图 2-7 所示。

下面我们通过示例代码演示 if-else if-else 语句的使用。根据分数判断成绩的优、良、中、差级别，代码如下所示：

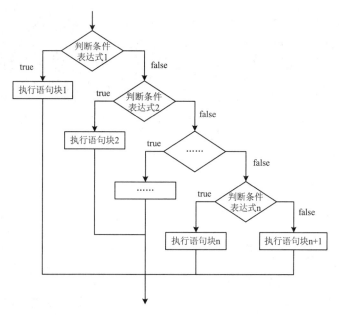

图 2-7   多分支语句流程图

```php
<?php
    $score = 89;
    if ($score > 90&& $score<=100) {
        echo '成绩的级别为:优！';
    } else if ($score > 70) {
        echo '成绩的级别为:良！';
    } else if ($score > 60) {
        echo '成绩的级别为:中！';
    } else if ($score>=0){
        echo '成绩的级别为:差！';
    } else {
        echo "成绩值错误！";
    }
?>
```

上述代码中，变量$score用于保存成绩值，后面的多分支结构中，依次判断$score值在哪个区间，只要某个 if 后面的表达式值为 true，就会执行对应的语句块。如果每个 if 后条件表达式结果都为 false，则执行最后 else 后的语句块。

以上代码运行结果如下：

成绩的级别为:良！

小贴士

1. PHP 多分支结构程序中，else if 中间的空格可以省略，写为 elseif，例如，else if ($score>=0)可以写为 elseif ($score>=0)，程序结果不受影响。

2. PHP 多分支结构程序中，最后的 else 及语句块不是必需项。

5. switch 语句

switch 语句和 if-else if-else 语句相似，也是一种多分支结构，与 if-else if-else 语句相比，switch 语句只能对单个变量或表达式的值进行判断。

switch 语句由一个表达式和多个 case 标签组成，case 标签后紧跟一个语句块，case 标签作为这个语句块的标识。switch 语句的语法格式如下：

```
switch(表达式){
    case 值 1:
语句块 1;
        break;
    case 值 2:
语句块 2;
        break;
    ......
    case 值 n:
语句块 n;
        break;
    default:
语句块 n+1;
}
```

switch 语句根据表达式的值，依次与 case 中的值进行比较，如果不相等，继续查找下一个 case；如果相等，就会执行对应的语句，直到 switch 语句结束或遇到 break 为止。

一般情况下，switch 语句最后都有一个默认值 default，如果在前面所有 case 中没有找到相符的值，则执行 default 后面的语句。switch 语句的执行流程如图 2-8 所示。

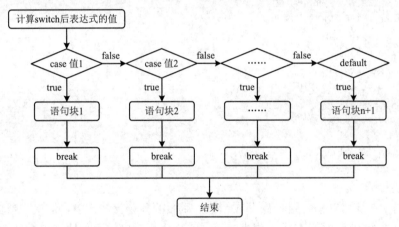

图 2-8　switch 结构流程图

在使用 switch 语句时应该注意以下几点。

（1）为了保证匹配执行的准确性，switch 语句后面表达式的数据类型只能是整型或字符串，不能是布尔型。

（2）switch 语句后面的大括号是必须有的。

（3）case 语句的个数没有规定，可以无限增加。case 标签和后面的值之间有一个空格，值后面即使语句块为空，也必须有一个冒号。

（4）switch 匹配数值时，将依次逐条执行匹配的 case 分支中的语句，直到 switch 结构结束或者遇到了 break 语句才会停止。所以，如果一个 case 分支语句的后面没有 break 语句，程序将会继续执行下一个 case 分支语句中的内容。

（5）switch 语句中 default 标签后直接是冒号，看似没有条件，其实是有条件的，条件就是表达式的值不能与前面任何一个 case 标签后的值相等，这时才执行 default 中的语句。default 不是 switch 语句中必需的。

接下来我们通过示例程序演示 switch 语句用法，使用 date()函数获取当前星期的英文缩写，根据缩写打印今天是星期几，代码如下所示：

```php
<?php
    $week = date('D');
    switch($week){
        case 'Mon':
            echo '星期一'; break;
        case 'Tue':
            echo '星期二'; break;
        case 'Wed':
            echo '星期三'; break;
        case 'Thu':
            echo '星期四'; break;
        case 'Fri':
            echo '星期五'; break;
        case 'Sat':
            echo '星期六'; break;
        case 'Sun':
            echo '星期日'; break;
    }
?>
```

上述代码中，date('D')用于获取当前的星期值，结果用 3 个字母表示，从星期一到星期日分别表示为 Mon、Tue、Wed、Thu、Fri、Sat、Sun。后面的 switch 语句根据变量$week 的值找到对应的 case 标签，执行其中的语句块，之后执行到 break 语句，switch 语句执行结束。

代码运行结果样例如下：

星期四

switch 语句中的 break 子句不是必需的，可以根据程序功能要求省略。例如在下面的示例中，判断当前日期是否为工作日，使用 date()函数获取当前星期值，并判断是工作日还是休息日，代码如下：

```php
<?php
    $week = date('D');
    switch($week){
        case 'Mon':
        case 'Tue':
        case 'Wed':
        case 'Thu':
        case 'Fri':
            echo "今天是".$week.",工作日";
            break;
        case 'Sat':
```

```
        case 'Sun':
                echo "今天是".$week.",休息日";
                break;
    }
?>
```

上述代码中，$week 变量获取当前的星期值之后，switch 语句中前 4 个 case 子句中没有语句块，$week 的值如果是 Mon、Tue、Wed、Thu 或 Fri 中的任何一个，都会执行 case 'Fri'子句中的语句块；如果是 Sat、Sun 中的任何一个值，都会执行 case 'Sun'后面的语句块。

【任务实施】

本任务是判断用户指定的年份是闰年还是平年。任务完成的最终效果应该由用户在页面输入框中输入一个 4 位数的年份，由系统按照规则判断是否为闰年。由于前台与后台信息交互需要在后面的项目中讲解，因此，本任务中暂时在程序中指定一个年份。在学习了 Web 交互知识之后，读者可以再进行拓展练习。

创建 case02.php 文件，程序代码如下：

```php
<?php
    $year = 2020;
if($year%4==0 && $year%100!=0 || $year%400==0){
        echo $year.'年是闰年！';
}else{
        echo $year.'是平年！';
    }
?>
```

上述代码中，变量$year 代表要进行判断的年份，此处赋值为 2020。下面为双分支语句，条件表达式按照判断闰年的规则书写，运行结果如下：

```
2020 年是闰年！
```

读者可以在源代码中修改$year 的值，判断其他年份是闰年还是平年。

【任务小结】

本任务主要学习了程序流程中的分支结构，包括单分支、双分支、多分支结构，其中多分支结构可以使用 if-else if-else 结构或者 switch 语句。在任何程序设计语言中分支结构都是非常基础和重要的，读者要牢牢掌握这部分知识。

任务 3　制作国际象棋棋盘

制作国际象棋
棋盘

【任务描述】

国际象棋的棋盘为正方形，由 64 个黑白相间的格子组成，如图 2-9 所示。本任务使用循环结构程序设计，在网页中绘制国际象棋的棋盘。

图 2-9　国际象棋棋盘

【任务分析】

从图 2-9 中可以看出，如果在网页中绘制国际象棋的棋盘，可以使用一个 8 行 8 列的表格实现，HTML 中表格标签为<table>，表格中的单元格有两种背景样式，一个是白色，一个是黑色。我们可以借助 PHP 循环程序结构，绘制上述表格。

【知识链接】

我们在编写程序时，有时候需要反复执行相同的功能，例如：输出 1～100 之间的所有整数，我们可以使用 100 个 echo 语句输出每个数据，但是这种编程方式过于低效。循环结构程序可以解决这样的问题，能够在满足指定条件的情况下，反复执行某些操作的语句。PHP中提供了 4 种循环控制语句，分别是 while、do-while、for、foreach 循环语句，下面逐一进行讲解。

1．while 循环结构

while 循环的作用是反复执行某一项操作，是循环语句中最简单的一个，语法格式如下：

```
while (循环条件) {
循环体语句块;
}
```

while 循环结构代码书写时，需要注意以下几点。

（1）循环条件通常是使用比较运算符或者逻辑运算符的表达式，计算结果是布尔值 true或 false，如果是其他类型的值，会自动转换为布尔类型的值。

（2）循环体语句块由一条或多条语句组成，当 while 循环语句中只有一条语句时，可以将包裹代码块的大括号省略，如果是多条语句的代码块，则一定要使用大括号包裹起来。

while 循环的执行过程如图 2-10 所示。

当循环条件的值为 true 时，执行循环体语句块代码，当循环体代码执行结束后，流程返回到 while 语句处，重新计算循环条件的值，如果仍然为 true，则再次执行循环体代码，然后再回到 while 语句处计算循环条件的值，如此反复执行，直到循环条件的值为 false，或者在循环体代码内部执行了一些停止循环的语句为止。

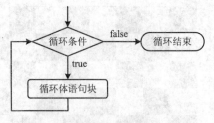

图 2-10　while 循环流程图

下面的示例代码演示了 while 循环结构，使用 while 循环打印数字 1～10，代码如下所示：

```php
<?php
$num = 1;
while($num <= 10) {
        echo $num.($num == 10 ? " " : ', ');
        $num++;
}
?>
```

运行结果如下：

```
1, 2, 3, 4, 5, 6, 7, 8, 9, 10
```

上述代码中，执行 while 循环之前，先将$num 进行了初始化，while 循环条件是$num 的值小于等于 10，由$num 的值控制循环是否执行，这样的变量一般被称为"循环变量"。while 循环体语句块中，第一条语句用来显示每次循环的$num 变量值，$num == 10 ? " " : ', '使用三元运算表达式，当$num 不等于 10 时，输出数值后带有逗号，当$num 值等于 10 时，输出的数值后连接一个空白字符。

while 循环体语句块中第二行$num++，每次显示$num 值后，都要将$num 的值增加 1，之后执行到右大括号时，流程回到 while 语句处，再次判断$num 变量值的值是否小于等于 10。当循环变量$num 的值为 11 时，循环条件表达式计算结果为 false，此时循环才会结束。

请读者注意，编写 while 循环结构时，一般都要有能够使循环趋向结束的语句。本示例中$num++使得$num 值不断变化，才使得循环执行了 10 次之后结束。如果没有$num++这条语句，程序将进入"死循环"，无法停止。

通常情况下，循环结构与分支语句一样也可以多层嵌套在一起使用。比如我们可以使用两层嵌套的 while 循环输出一个表格，代码如下所示：

```php
<?php
    echo '<table border="1">';
    $x = 0;
    while ($x < 10) {
        echo '<tr align="center">';
        $y = 0;
            while ($y < 10) {
                echo '<td>'.($x*10+$y).'</td>';
                $y++;
            }
        echo '</tr>';
        $x++;
```

```
    }
    echo '</table>';
?>
```

运行结果如图 2-11 所示。

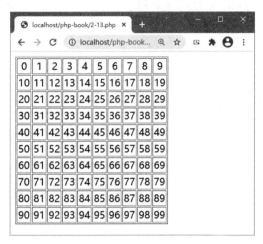

图 2-11　循环嵌套输出表格

程序代码中，包含了两个 while 循环。外层 while 循环的循环变量为$x，每次循环时输出一个<tr>行元素，内层 while 循环的循环变量为$y，每次循环时输出一个<td>单元格元素，并且单元格中的内容为$x*10+$y 的计算结果。

以上循环嵌套程序在执行时，$x 的值每增加 1 次，内层循环都会执行 10 次，$y 的值都会从 0 变化到 9。因此本示例程序执行完毕时，循环共执行了 10×10（100）次。

2．do-while 循环

与 while 循环类似，还有一种 do-while 循环，语法格式如下：

```
do {
循环体语句块;
} while (循环条件);
```

其中，循环条件的计算结果也一定要是布尔值 true 或 false。循环体语句块也可以是一条语句或多条语句。当循环体语句块中只有一条语句时，可以省略大括号。

do-while 循环结构的执行过程如图 2-12 所示。

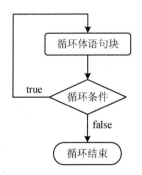

图 2-12　do-while 结构流程图

do-while 循环语句的执行流程是：先执行一次循环体中的语句块，然后判断表达式的值，当表达式的值为 true 时，返回重新执行循环体中的语句块，如此反复，直到表达式的值为 false 为止，此时循环结束。其特点是先执行循环体，然后判断循环条件是否成立。

小贴士

（1）使用 do-while 时最后一定要有一个分号，分号也是 do-while 循环语法的一部分。

（2）do-while 和 while 循环结构的区别是：do-while 循环的表达式是在每次循环结束时检查而不是在开始时，而且不论表达式的结果如何，do-while 循环语句都至少执行一次，因为表达式的值是每次循环结束后才检查的。而在 while 循环中就不同了，表达式的值在循环开始时检查，如果一开始就为 false，则整个循环立即终止。以下代码演示了这两种循环的不同。

```php
<?php
    $num = 11;
    do {
        echo $num.($num == 10 ? " : ', ');
        $num++;
    } while ($num <= 10);
?>
```

```php
<?php
    $num = 11;
    while ($num <=10){
        echo $num.($num == 10 ? " : ', ');
        $num++;
    }
?>
```

上述左侧使用 do-while 循环，先执行循环体代码，再进行条件判断，执行结果为 11；右侧使用 while 循环，进入循环体之前先进行条件判断，由于第一次条件表达式的值为 false，因此这个循环一次也没有执行，没有任何输出结果。

下面的示例演示了 do-while 循环结构，使用 do-while 循环计算 1~100 之间整数的和，实现代码如下：

```php
<?php
    $sum = 0;
    $i = 1;
    do {
        $sum += $i;
        $i++;
    } while ($i<= 100);
    echo '1 + 2 + 3 +...+ 99 + 100 = '. $sum;
?>
```

执行结果如下：

```
1 + 2 + 3 +...+ 99 + 100 = 5050
```

上述代码中，变量$i 为循环变量，同时也是被累加的整数，变量$sum 用于保存累加和。执行循环结构时，先计算累加和，并使$i 增加 1 之后，再进行循环条件的判断。

3. for 循环结构

while 和 do-while 循环一般用于循环次数未知的情况，在已知循环次数的情况下，可以使用 for 循环。

与 while、do-while 循环不同，for 循环将控制循环次数的变量定义在 for 语句中，语法格式如下。

```
for(初始化变量; 循环条件; 操作表达式){
    // 循环体;
}
```

（1）for 后面括号中的"初始化变量"部分，在进入循环之前只执行一次，一般用于给循环变量赋初值，这部分是可选项。

（2）"循环条件"用于进入循环体之前的条件判断，只有当循环条件表达式结果为 true 时，才会进入循环体，这部分是可选项。

（3）"操作表达式"是在循环体执行完毕之后才会执行的表达式，此部分执行之后，会再次执行循环条件表达式，判断是否能够再次进入循环体，这部分是可选项。

（4）for 后面括号中的两个分号不能省略，3 个表达式都是可以省略的，不过要在其他语句中进行设置。

for 循环语句的执行流程如图 2-13 所示。

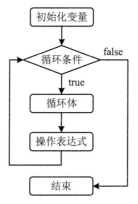

图 2-13　for 循环流程图

接下来我们通过示例程序演示 for 循环语句的用法，使用 for 循环实现计算 100 的阶乘，实现代码如下所示：

```php
<?php
    $sum = 1;
    for ($i = 1; $i<= 100; $i++) {
        $sum *= $i;
    }
    echo '100! = '.$sum;
?>
```

上述代码的执行过程如下：

（1）变量$sum 用于保存阶乘的结果，初始值为 1；

（2）执行 for 循环，先将循环变量$i 赋值 1；

（3）计算循环条件表达式$i<=100 的值，如果结果为 true，则执行第（4）步；如果结果为 false，则结束循环；

（4）执行循环体语句$sum *= $i，计算$i 的阶乘；

（5）当流程执行到右大括号时，返回 for 语句处，执行$i++，将变量$i 增加 1；

（6）重复执行第（3）、（4）、（5）步，直到$i> 100 时，循环结束。

代码运行结果如下：

```
100! = 9.3326215443944E+157
```

> 💡 **小贴士** 在 for 循环语句中，循环计数器无论是采用递增还是递减的方式，前提是一定要保证循环能够结束，无期限的循环（死循环）会导致程序的崩溃。

for 循环语句也可以像 while 循环一样嵌套使用，即在 for 循环语句中包含另外的一个或多个 for 循环。通过对 for 循环语句进行嵌套，可以完成一些复杂的编程。

比如计算阶乘累加和，如下代码计算 1! +2! +…+50!，并输出结果。

```php
<?php
  $sum = 0;
  for($i=1;$i<=50;$i++){
        $product = 1;
        for($n=1;$n<=$i;$n++){
              $product *= $n;
        }
        $sum += $product;
  }
  echo "1!+2!+3!+...+50!=",$sum;
?>
```

上述代码中包含两个 for 循环组成的循环嵌套，外层循环由变量$i 控制，$i 的值从 1 到 50，$i 每取一个值，都会通过内层循环计算当前值的阶乘，并将阶乘结果保存到变量$product 中，计算完一个数的阶乘之后，将阶乘值累加到变量$sum 中，最终循环全部执行完毕之后，页面中显示结果如下：

```
1!+2!+3!+...+50!=3.1035053229546E+64
```

4. foreach 循环

PHP 中 foreach 循环结构是遍历数组时常用的方法。foreach 仅能应用于数组和对象，如果尝试应用于其他数据类型的变量或者未初始化的变量，系统将发出错误信息。

foreach 有以下两种语法格式：

（1）格式 1：

```
foreach (iterable_expression as $value){
    statement
}
```

这种循环格式用于遍历数组，每次循环将数组的值赋给 $value。数组将在后续项目中讲解，这里进行简单举例说明，示例代码如下：

```php
<?php
  $array = [1, 2,3,4];
  foreach ($array as $val){
        echo "值是:" . $val ;
        echo "<br/>";
  }
?>
```

执行结果如下：

值是:1
值是:2
值是:3
值是:4

（2）格式 2：

```
foreach (iterable_expression as $key => $value){
    statement
}
```

这种循环格式遍历数组或对象时，将值赋给$value，将键名赋给$key，示例代码如下：

```php
<?php
  $array =   [1,2,3,4];
  foreach ($array as $key=>$val){
        echo "键名是:".$key.",值是:" . $val ;
        echo "<br/>";
  }
?>
```

以上代码执行结果如下：

键名是:0,值是:1
键名是:1,值是:2
键名是:2,值是:3
键名是:3,值是:4

5. break 与 continue

在循环结构中，可以使用 break 或 continue 控制循环执行流程。break 关键字可以终止循环体的代码并立即跳出当前的循环，执行循环之后的代码。continue 可以控制程序放弃本次循环，并进行下一次循环。

continue 关键字和 break 关键字的区别在于：continue 关键字只是结束本次循环，而 break 关键字会终止其所在的循环。

以下示例代码演示了 break 和 continue 关键字的使用：

```php
<?php
    for ($i = 1; $i<= 10; $i++) {
        if($i % 2 == 0) {
            continue;
        }
        echo '$i = '.$i.' <br>';
    }
?>
```

以上代码使用 for 循环输出 1～10 之间的所有数字，当数字为偶数时跳过当前循环，执行结果如下：

$i = 1
$i = 3
$i = 5
$i = 7
$i = 9

循环中可以使用 break 跳出循环。

```php
<?php
    while (true) {
        $num = rand(1, 20);
        echo $num.', ';
        if ($num == 10) {
            echo '$num = 10,退出循环！<br>';
            break;
        }
    }
    echo '成功退出 while 循环！';
?>
```

上述代码中，使用 while 声明了一个无限循环，在循环中不断生成 1～20 之间的随机数，当随机数等于 10 时，使用 break 退出循环，代码执行结果如下：

```
7, 16, 9, 17, 10, $num = 10,退出循环！
成功退出 while 循环！
```

6. exit()和 die()函数

在 PHP 中，die()和 exit()函数的用法和作用是一样的，都可以输出一个消息并且退出当前程序。实际上 exit 和 die 这两个名字指向的是同一个函数，die()是 exit()函数的别名。函数只接收一个参数，可以是一个具体的数值，也可以是一个字符串，还可以不输入任何参数，另外，die()和 exit()两个函数是没有返回值的。

die()和 exit()函数的语法格式如下：

```
exit(message);
die(message);
```

其中，message 为一个可选参数（可以为空），可以是字符串类型也可以是 int 类型。如果 message 为字符串类型，则函数会打印该字符串并退出当前脚本；如果 message 为 int 类型，那么该值会作为退出状态码，并且不会被打印输出，退出状态码的取值范围在 0～254 之间。如果参数为空，可以省略函数后面的小括号（如 exit;或 die;）。

下面通过示例来看一下 exit()函数的使用方法，代码如下：

```php
<?php
    echo 'PHP 程序设计<br>';
    exit('退出程序,不再向下执行！');
    echo 'PHP 嵌入 HTML 脚本中/';
?>
```

运行结果如下：

```
PHP 程序设计
退出程序,不再向下执行！
```

通过运行结果可以看出，程序在执行 exit()函数后退出了，并没有输出最后一行的代码。die()函数的使用方法和 exit()函数相同，这里不再赘述。

7. 文件包含

PHP 中文件包含是指将另一个源文件的全部内容包含到当前源文件中进行使用，通常也称为引入外部文件。引用外部文件可以减少代码的重用性，是 PHP 编程的重要技巧，一般用于程序开发中使用多个 PHP 文件的情况。

PHP 中提供了 4 个非常简单却很有用的包含语句，分别是 include 语句、require 语句、include_once 语句和 require_once 语句。

下面逐一介绍这 4 种文件包含语句。

（1）include 语句。使用 include 语句包含外部文件时，只有代码执行到 include 语句时，才会将外部文件包含进来，当所包含的外部文件发生错误时，系统会给出一个警告，而整个 PHP 程序会继续向下执行。include 语句的语法格式如下：

```
include 'filename'
```

其中 filename 为一个字符串，表示要包含的文件路径。

为了方便演示，这里我们准备一个 demo.php 文件，编写一行简单的 PHP 代码，如下所示：

```
<?php
    $str = '我是被包含的文件';
?>
```

下面的示例中使用 include 语句来包含 demo.php 文件，代码如下所示：

```
<?php
    include './demo.php';
    echo $str;
?>
```

运行结果如下：

```
我是被包含的文件
```

（2）require 语句。require 语句的使用方法与 include 语句类似，都是实现对外部文件的引用。不同的是，当被包含文件不存在或有错误时，require 语句会发出一个 Fatal error 错误并终止程序执行，而 include 则会发出 Warning 警告，但程序会继续向下执行。

使用了 require 语句的 PHP 程序在执行之前，解析器会用被引用文件的全部内容替换 require 语句，然后与 require 语句之外的其他语句组成新的 PHP 文件，最后再按新的 PHP 文件执行程序代码。

💡小贴士　因为 require 语句相当于将另一个源文件的内容完全复制到本文件中，所以一般将其放在源文件的起始位置，用于引用需要使用的公共函数文件和公共类文件等。

require 语句和 include 语句用法几乎完全一样，语法格式为：

```
require 'filename'
```

其中，参数 filename 为待包含的文件路径，其特点与 include 语句中的参数一样。

（3）include_once 语句。include_once 语句和 include 语句类似，唯一的区别就是如果包含的文件已经被包含过，就不会再次被包含。include_once 可以确保在脚本执行期间同一个文件只被包含一次，以避免函数重定义、变量重新赋值等问题。

下面我们先创建 demo2.php 文件，代码如下所示：

```php
<?php
    $str = '我是被包含的文件';
  echo $str;
?>
```

使用 include_once 语句来包含 demo2.php 文件，代码如下所示：

```php
<?php
include_once './demo2.php';
include_once './demo2.php';
include_once './demo2.php';
?>
```

运行结果如下：

我是被包含的文件

代码中虽然执行了 3 次 include_once 语句，但是执行结构只能显示一次$str 的内容，说明使用 include_once 语句可以避免重复包含。如果将 include_once 替换为 include 语句，那么执行结果将显示 3 次"我是被包含的文件"。

（4）require_once 语句。require_once 语句与 require 语句功能基本类似，不同的是，在应用 require_once 语句时会先检查要包含的文件是不是已经在该程序中的其他地方被包含过，如果有，则不会再次包含该文件。

【任务实施】

本任务是输出一个国际象棋的棋盘，棋盘由 8 行 8 列的表格组成，每行单元格由黑白两种颜色组成，并且黑白单元格间隔均匀。通过 PHP 循环程序与 HTML 标签相结合，完成本任务。

创建文件 case03.php，在文件中搭建 HTML 脚本框架，代码如下所示：

```html
<!doctype html>
<html>
<head><meta charset="UTF-8"><title>国际象棋棋盘</title></head>
  <body></body>
</html>
```

棋盘由表格构建，因此先在<head>标签中设置样式，代码如下：

```css
<style>
  table{border:1px solid #000;border-collapse:collapse}
  td{width:40px;height:40px}
  .black{background:#000}
</style>
```

以上样式中设置了表格、单元格样式，.black 样式类规定了黑色背景颜色。

在<body>标签中编写 HTML 脚本和 PHP 代码，主要代码组成如下：

```php
<table>
<?php
        $row = 8;              // 行数
        $col = 8;              // 列数
        for ($i = 0; $i< $row; ++$i) {
                echo '<tr>';
```

```
                 for ($j = 0; $j < $col; ++$j) {
                     if (($i + $j) % 2) {
                         echo '<td></td>';
                     } else {
                         echo '<td class="black"></td>';
                     }
                 }
             echo '</tr>';
         }
     ?>
</table>
```

上述代码中，PHP 代码嵌入<table>标签中，$row 和$col 两个变量分别表示表格的行数和列数。构成棋盘通过 for 循环嵌套完成，外层 for 循环控制表格中每个<tr>行，内层循环中，为<tr>添加单元格<td>元素，并为指定的单元格添加.black 样式类。以上代码执行后，效果如图 2-9 所示。

【任务小结】

本任务主要介绍了 PHP 中的 4 种循环方式：while、do-while、for 和 foreach 循环。同时介绍了循环控制语句 break 和 continue，并对文件包含、exit()和 die()函数进行了介绍。本任务案例是通过 PHP 绘制国际象棋棋盘这个案例，进一步巩固了循环结构程序设计的基本知识，对这部分内容，读者要认真学习。

项目拓展   输出九九乘法表

【项目分析】

利用程序输出九九乘法表，是典型的循环嵌套应用。输出的内容共有 9 行，每行中的表达式的个数与行数相同，例如，第一行显示 1*1=1，第 9 行则应该显示 1*9=9 2*9=18 3*9=27…9*9=81。按照 j*i=result 的格式，每个表达式中两个乘数与行、列值的关系为：j 为当前的列号，i 为当前的行号，且 j 的取值始终为 1～i。按照以上思路创建 case04.php 文件。

输出九九乘法表

【项目实施】

程序代码如下所示：

```
<?php
    for ($i = 1; $i<= 9; $i++) {
        for ($j = 1; $j <= $i; $j++) {
        echo $j.' * '.$i.' = '.$j*$i.'  ';
        }
        echo '<br>';
    }
?>
```

上述代码中，外层的循环变量$i 表示行号，范围从 1 增加到 9，对于变量$i 每取一个值，内层的循环变量$j 都从 1 增加到$i，对于每个$j 的取值，都会打印九九乘法表中的一个算式。内层循环执行完毕，即输出了九九乘法表的一行，然后执行 echo '<br>';，输出换行，继续取下一个$i 值，再次进入循环体，输出第$i 行的乘法算式。

代码运行结果如图 2-14 所示，读者可以尝试将九九乘法表显示在表格中。

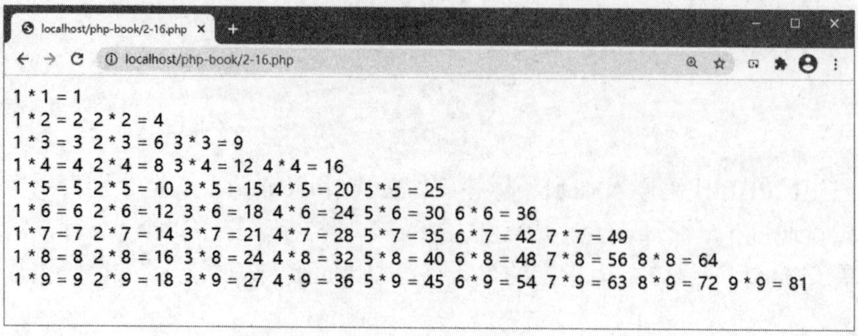

图 2-14　打印九九表

思考与练习

一、单选题

1. 下列选项中与 for(;;)的功能相同的是（　　）。

　A．while(0)　　　　B．while(1)　　　　C．do-while(0)　　　　D．foreach(1)

2. 比较运算的计算结果的数据类型为（　　）。

　A．整型　　　　　　B．浮点型　　　　　C．字符串型　　　　　D．布尔型

3. 分析以下程序代码，输出结果正确的是（　　）。

```php
<?php
    $price=2500;
    if($price< 500){
            echo '价格偏低';
    }elseif($price < 1000){
            echo '价格适中;
    }elseif($price < 2000){
            echo '价格稍高';
    }else{
            echo '价格太高,需要调整'
    }
?>
```

　A．价格偏低　　　　　　　　　　　B．价格适中

　C．价格稍高　　　　　　　　　　　D．价格太高，需要调整

4. 语句 for($k=1;$k=2;$k++){}和语句 for($k=1;$k==2;$k++){}的执行次数分别为（　　）。

　A．无限次和 0 次　　　　　　　　　B．0 次和无限次

C．都是无限次　　　　　　　　　　D．都是 0 次

5．以下程序代码执行结果为（　　）。

```
do{
    echo 'PHP 程序设计';
}while(0);"
```

A．死循环　　　　　　　　　　　　B．无结果

C．显示 1 行' PHP 程序设计'　　　　D．程序报错

二、多选题

1．以下选项中可以控制循环流程的语句是（　　）。

A．switch　　　　B．break　　　　C．if　　　　　　D．continue

2．在当前运行的脚本中调用其他文件的函数，可以使用的语句是（　　）。

A．require　　　　B．require_once　　C．include　　　　D．include_once

3．var_dump 打印输出的内容包括（　　）。

A．数据类型　　　　B．数据　　　　　C．数据长度　　　　D．数据正确性

4．下列选项中，关于数据类型的说法描述正确的是（　　）。

A．浮点数指的是数学中的小数，不能保存整数

B．在双引号内的变量会被解析，而单引号内的变量会被原样输出

C．布尔类型只有 true 和 false 两个值，且区分大小写

D．整数 100 可以使用十六进制数 0x64 表示

三、判断题

1．对两个表达式进行比较，其结果一定是一个布尔类型值。　　　　　（　　）

2．for 循环语句一般用于循环次数已知的情况。　　　　　　　　　　（　　）

3．do-while 的功能与 while 一致，只是写法不同。　　　　　　　　　（　　）

四、实操题

1．编写 PHP 代码，输出 100～999 之间的水仙花数。所谓的"水仙花数"是指一个三位数，其各位数字的立方和等于该数本身。例如 153 是水仙花数，因为 $153 = 1^3 + 5^3 + 3^3$。

2．在 HTML 中嵌入 PHP 代码，编程输出隔行变色的表格，显示效果如下图所示。

第1行			
第2行			
第3行			
第4行			
第5行			
第6行			
第7行			
第8行			
第9行			
第10行			

项目 3　使用编程手册查询函数

函数是 PHP 面向过程编程的关键，实际开发中既需要用户自定义函数，也需要使用 PHP 内置的函数。PHP 语言内置了 1000 多个函数，丰富的内置函数极大地方便了开发者。使用编程手册可以按照函数的功能分类查询函数的定义和使用说明，编程手册是开发者的必备工具之一。本项目通过 3 个任务介绍和演示了 PHP 函数定义和调用语法、内置函数分类和查询以及数组和数组相关函数的使用。通过本项目的学习，读者能够掌握编程手册的使用，能够读懂编程手册的函数参考，实现更加丰富的功能。

- 掌握 PHP 函数定义与使用
- 掌握常见字符串、日期、数学等内置函数的使用
- 能够使用编程手册查询函数
- 掌握数组的定义和遍历
- 掌握数组相关内置函数的使用

任务 1　简易计算器实现

简易计算器实现

【任务描述】

本任务要求编写一个简单的计算器，利用 PHP 函数实现，根据函数调用传递的不同参数值，计算两个数的和、差、乘积、商或者余数，并输出结果。

【任务分析】

任务要求使用 PHP 函数实现，定义函数，封装计算过程代码，判断参数的值，选择对应的计算方法。任务的完成需要 PHP 函数的知识，接下来我们先学习一下相关的知识点。

【知识链接】

1. 函数定义

函数用来封装一段用于完成特定功能的代码，不同语言规定了不同的函数定义方式。函数定义又称函数声明，明确了一个函数该如何使用。

函数定义一般由 4 部分组成，语法如下：

```
function functionName( $param1, $param2, … ){
    //函数体
}
```

- 声明函数时必须使用关键字 function。

- functionName 是函数名。函数名命名要符合 PHP 标识符规则，PHP 函数名要求唯一，不区分大小写。

- 小括号内的变量列表为函数的参数，即调用函数时外界传递给函数的值。函数可以没有参数，表示调用时不需要传递参数。多个参数用逗号隔开，参数可以设置默认值，当调用时外界未传递该参数，取其默认值。

- 大括号内的部分是函数主体，是完成特定功能的语句块，是函数功能实现的核心，如果想要传递数据给调用者，可以使用 return 关键字。

了解了函数定义，接下来通过一个例子演示函数的声明，创建文件 3-1.php，分别定义 3 个参数情况不同的函数并调用，实现代码如下所示：

```php
<?php
//定义函数 无参
function fun1(){
    echo '无参函数<hr>';
}
//调用 fun1()函数
fun1();
//定义函数 有参
function fun2($a,$b){
    echo '有参函数,传递的参数为:'.$a.'和'.$b.'<hr>';
}
//调用 fun2()函数
fun2(3,9);

//定义函数 有默认值的参数
function fun3($a=10, $b=100){
    echo '有参函数,参数有默认值,参数为:'.$a.'和'.$b.'<hr>';
}
//调用 fun3()函数
fun3(3);
```

代码中函数 fun1()无参数，fun2()有两个参数，fun3()有两个有默认值的参数，所以 fun3() 函数调用时，其参数可变。代码中 fun3()调用传递了一个参数 3，参数赋值给了第一个参数$a，$b 使用了默认值 100，测试运行输出效果如图 3-1 所示。

💡**小贴士** 当使用默认参数时，默认参数必须放在非默认参数的右边，否则函数可能会出错。

2. 引用传参

PHP 默认支持按值传递参数，在上面示例中，参数均为传值传参。PHP 也支持引用传参，即可以通过函数改变参数值，引用传参需要在参数前添加&符号，接下来通过代码来演示。

图 3-1　函数运行效果

创建文件 3-2.php，添加如下代码：

```php
<?php
function fun($a, $b){
        return $a = $a+$b;
}
$n = 100;
$m = 200;
echo fun($n, $m);   //输出 300
echo '<hr/>';
echo $n;        //输出 100
```

代码中函数 fun() 有两个形参$a 和$b，函数外定义了两个变量$n 和$m，调用函数 fun() 传递实参$n 和$m 的值，因为此时函数调用是按值传递参数，所以函数体内$a 值变化，并不影响函数外的$n 的值。因此输出结果为 300 和 100。

接下来修改代码，在函数声明参数前添加符号&，则变为引用传参形式，修改后代码如下：

```php
<?php
function fun(&$a,$b){
        return $a = $a+$b;
}
$n = 100;
$m = 200;
echo fun($n,$m);   //输出 300
echo '<hr/>';
echo $n;        //输出 300
```

函数 fun() 的第一个参数$a 前添加了&符号，变为引用传参，因此当函数体执行，$a 的值发生改变后，$n 的值也会变化，$n 的值变为 300。

3. 指定参数类型

PHP 7.0 以后版本，在函数定义时可以指定参数的具体数据类型。

指定参数类型有两种方式，分别是弱指定和强指定。函数调用时，如果传递参数类型不一致，弱指定方式会进行类型转换，强指定方式会提示错误信息。

接下来通过代码演示弱指定参数类型的函数定义和使用，给函数 sum1() 的参数增加指定类型 int，计算两个整数的和，在调用时传递 float 类型，实现代码如下：

```php
function sum1(int $a, int $b){
    return $a+$b;
```

```
}
echo sum1(2.3,6.2);                    //输出 8
```

函数 sum1() 调用时，检测到类型不一致，进行类型转换后，输出 8。

强类型参数指定需要在定义函数时添加语句 declare(strict_types = 1)。以下代码展示了强类型参数指定的函数定义和调用：

```
declare(strict_types = 1);
function sum2(int $a, int $b){
   return $a+$b;
}
echo sum2(2.3,6.2);                    //报错 Fatal error 类型出错
```

对比弱类型参数指定方式，可以看到通过 declare 语句，指定了参数的类型为严格类型，即强类型参数指定，则当函数调用传递参数类型不一致时，系统就会产生 Fatal error 报错。

4．变量作用域

函数内定义的变量，其作用范围只在函数内部，称为局部变量，函数体外部不可以访问。函数外定义的变量称为全局变量，如果在函数内想要操作全局变量，除了可以使用引用传参方式，还可以使用 global 关键字和超全局变量$GLOBALS。

以下代码演示了在函数内访问全局变量的方法，如下所示：

```
//定义全局变量$a 和$b
$a=100;
$b=200;
function demo(){
                               //使用 global 关键字 访问全局变量
   global $a;
   echo $a;                    //输出 100
                               //使用超全局变量$GLOBALS 访问全局变量
   echo $m = $GLOBALS['b'];    //输出 200
}
                               //调用函数
demo();
```

测试运行浏览器输出$a 和$b 的值，由此看出通过 global 关键字和超全局变量$GLOBALS 函数内可以访问全局变量。

5．可变函数

PHP 支持可变函数，如果一个变量名后有小括号，PHP 将寻找与变量的值同名的函数，并且尝试执行它。可变函数的语法如下所示：

```
$name(param1,param2,...);
```

其中，$name 为一个变量，后面的小括号与调用函数时函数名后的小括号功能相同。

接下来通过代码演示可变函数的定义和调用。

```
//定义函数
function say(){
   echo '我在说...';
}
function sing(){
   echo '我在唱...';
```

```
}
//通过变量调用函数
$name='say';
$name();                                          //输出 我在说...
$name='sing';
$name();                                          //输出 我在唱...
```

测试运行，可以看到代码会通过$name 值调用相应的函数，实现可变函数的效果。

6. 匿名函数

匿名函数就是没有函数名的函数，可以赋值给变量，能像其他任何 PHP 对象或者变量一样传递。匿名函数仍是函数，因此可以调用，还可以传入参数。匿名函数特别适合作为函数或方法的回调。

以下代码定义了一个匿名函数，并赋值给一个变量$fun，并通过该变量调用函数。

```
$fun=function ($str){
   echo $str;
};
$fun('我是匿名函数');                              //输出 我是匿名函数
```

匿名函数可以在定义的同时完成调用，以下代码定义了一个匿名函数，同时调用并给函数传参。

```
(function($str){echo $str;})('我也是匿名函数');      //输出 我也是匿名函数
```

匿名函数可以使用 use 关键字访问外部变量，下面代码展示了 use 关键字的使用。

```
$b=100;
$fun = function($a) use ($b){
   return $a + $b;
};
echo $fun(50);                                     //输出 150
```

匿名函数可以作为函数的参数传递，使 PHP 函数功能更加灵活，以下代码展示了利用函数作为参数传递的使用，其中 cal()函数的第 3 个参数为一个函数，在 cal()函数体内调用执行该函数。

```
function cal($a, $b, $func){
   echo $func($a, $b);                            //调用参数传递的函数
}
cal(100, 50, function( $a, $b){return $a+$b;});    //输出 150
echo '<br/>';
cal(100, 50, function($a, $b){return $a-$b;});     //输出 50
echo '<br/>';
cal(100, 50, function($a, $b){return $a*$b;});     //输出 5000
```

定义好 cal()函数后，调用 cal()函数，第 3 个函数直接定义匿名函数。执行 cal()函数后，最终实现将前两个参数传给第 3 个函数参数并执行的效果。

【任务实施】

创建文件 3-3.php 实现计算器功能，首先定义计算函数 cal()，包含 3 个参数，分别为待计算的两个数和代表算法的字符+、-、*、/、%，具体实现如下所示。

首先定义 cal()函数，通过 switch 结构判断用户想要进行哪种计算，并完成对应计算，返回计算结果，如果字符传递有误，则返回"符号有误"，函数声明如下：

```php
<?php
//简易计算器
function cal($a,$b,$action){
        switch($action){
            case '+':
                return $a + $b;
            case '-':
                return $a - $b;
            case '*':
                return $a * $b;
            case '/':
                return $a / $b;
            case '%':
                return $a % $b;
            default:
                return '符号有误';
        }
}
```

计算器函数定义好后，添加调用代码，执行计算，并输出结果，调用输出代码如下所示：

```php
$a = 100; $b = 3;
echo "$a 和 $b 计算求和为:". cal($a,$b,'+') . '<br/>';
echo "$a 和 $b 计算求差为:". cal($a,$b,'-') . '<br/>';
echo "$a 和 $b 计算求乘积为:". cal($a,$b,'*') . '<br/>';
echo "$a 和 $b 计算求商为:". cal($a,$b,'/') . '<br/>';
echo "$a 和 $b 计算求余数为:". cal($a,$b,'%') . '<br/>';
```

测试运行，浏览器输出效果如图 3-2 所示。

图 3-2　计算结果

【任务小结】

本任务使用 PHP 函数知识编写了自定义函数，通过函数调用、参数传递实现了简易计算器的功能。在学习了 PHP 与 Web 交互知识后，读者可以将其修改为用户通过网页输入数值和选择计算方法，丰富计算器的使用功能。

任务 2　手机号隐私处理

手机号隐私
处理

【任务描述】

在显示用户列表的场景中，显示手机号码时一般需要对手机号进行隐私处理，常见的方法是把手机号中间的 4 位换成星号（****），本任务要求实现对手机号码进行隐私处理并输出处理后的手机号码。

【任务分析】

将手机号码中间 4 位替换成星号，实现方法有很多，可以使用 PHP 内置字符串函数 substr_replace()进行查找与替换实现，在开始任务前我们先学习 PHP 内置函数的相关知识。

【知识链接】

1. 内置函数

PHP 提供了功能丰富的内置函数，极大地方便了 PHP 开发者。PHP 内置函数可以通过开发手册查询，在开发手册中 PHP 函数按照不同的类别进行归类，方便开发者使用。

访问如图 3-3 所示的 PHP 官方中文手册网址，手册不仅包含 PHP 函数说明，还包含了 PHP 安装配置、基本语法、安全、特点、版本更新等综合信息。

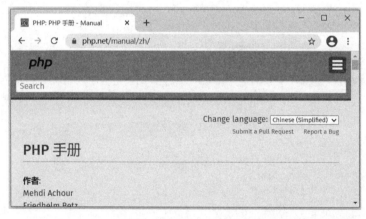

图 3-3　PHP 中文手册

其中开发者使用较多的是函数参考，在首页依次单击"函数参考"→"文本处理"→"字符串"超链接，就跳转到字符串函数参考页面，如图 3-4 所示，其中展示了所有 PHP 支持的内置字符串函数。

单击某一函数，进入函数说明，可以看到函数的具体定义，以及函数的使用范例，如图 3-5 所示。

除了官方的使用手册，互联网上还有许多公开免费的语言参考手册，如菜鸟教程，网址为https://www.runoob.com/php/php-tutorial.html，如图 3-6 所示，其中包含了 PHP 的函数参考资料，以及 PHP 学习的参考资料和工具，使用起来也很方便。

图 3-4 字符串函数参考列表

图 3-5 函数定义展示

图 3-6 菜鸟教程

2. 字符串函数

字符串函数是 PHP 用来操作字符串的内置函数，在实际开发中应用广泛。表 3-1 列出了部分常见的字符串操作函数名及其函数作用，详细的函数定义说明读者可以参考 PHP 开发手册。

表 3-1　常见字符串函数

函数名	功能描述
echo()	输出一个或多个字符串
explode()	把字符串打散为数组
implode()	用指定的连接符将数组拼接成字符串
md5()	计算字符串的 MD5 散列值
nl2br()	在字符串中的每个新行之前插入 HTML 换行符
strcmp()	比较两个字符串（大小写敏感）
stripos()	返回字符串在另一字符串中第一次出现的位置（大小写不敏感）
strlen()	返回字符串的长度。中文字符串的处理使用 mb_strlen() 函数
strpos()	返回字符串在另一字符串中第一次出现的位置（大小写敏感）
trim()	移除字符串两侧的空白字符
substr()	获取字符串中的子串

接下来讲解和演示几个常用字符串函数的使用。

（1）echo() 函数。echo 严格来说是一个语言结构，查看编程手册可以看到 echo() 函数的定义归类在字符串函数范围，手册说明如图 3-7 所示。当 echo 只有一个参数时，可以使用小括号，输出多个参数时，不加小括号。

图 3-7　echo 语法定义

在手册中说明了 echo 的 PHP 版本支持、函数的功能，echo 用于输出一个或者多个字符串，并且支持短输出语法。根据函数手册说明，编写代码演示，代码和输出情况如下所示：

```php
<?php
  echo('hello');          //输出  hello
  echo '<br/>';           //输出  回车换行
  $str='你好';             //定义变量存储字符串
?>
<p><?=$str?></p>         //短输出语法输出  你好
```

（2）strcmp()函数。strcmp()函数用来比较两个字符串，该函数对传入的两个字符串参数进行比较，如果两个字符串完全相同则返回 0。如果按照字典顺序 str1 在 str2 后面，则返回一个正数。如果 str1 小于 str2，则返回一个负数。开发手册中函数声明如图 3-8 所示。

图 3-8　strcmp()函数参考

根据开发手册说明，编写代码演示其功能，示例代码和输出情况如下所示：

```php
echo strcmp('hello', 'hello');    //输出 0
echo strcmp('ahello', 'hello');   //输出-1
echo strcmp('zhello', 'hello');   //输出 1
```

（3）md5()函数。md5()函数可以计算字符串的 MD5 散列值，可用于密码加密，提高系统的安全性。查询手册，函数声明如图 3-9 所示，有两个参数，第一个参数是必选参数，为待加密的字符串，第二个参数是布尔值，指定输出内容的格式，默认取值为 false，函数返回值为字符串类型。

编写代码演示 md5()函数功能，对比 md5()函数计算的散列值，输出比对结果，代码和运行输出情况如下所示：

```php
$str = 'apple';
if( md5($str)  ==  '1f3870be274f6c49b3e31a0c6728957f' ){
  echo 'This is an apple!';   //运行输出 This is an apple!
}
```

图 3-9　md5()函数参考

（4）nl2br()函数。nl2br()函数可以在字符串新行（\n）之前插入换行符，具体参数和返回值如图 3-10 所示。

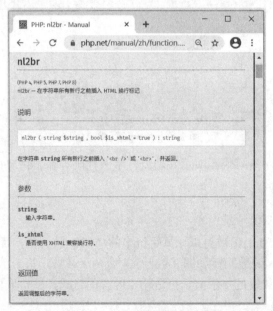

图 3-10　nl2br()函数参考

nl2br()函数有两个参数，第一个是必选参数，指定待检查的字符串，第二个参数指定替换的换行符，默认为 true，插入
，如果设置为 false，则插入
。

示例代码如下：

```
echo nl2br("hel\nlo");
```

运行测试，浏览器输出两行信息分别是 hel 和 lo，即在 hello 中间的\n 被替换为换行符

，被浏览器解析执行，查看网页源代码可以看到插入的换行符
。

（5）explode()和 implode()函数。explode()函数使用一个字符串分割另一个字符串，并返回由字符串组成的数组，语法为：explode($separator, $string, $limit)，前两个参数是必选参数，分别指定分割规则以及待分割的字符串，最后参数是可选参数，规定所返回数组元素的数目，此参数可以是任何整数（正数、负数或零），当不设置时，返回的数组包含使用分隔符分隔字符串后形成的元素总数。

利用 explode()函数分割出句子中的单词，返回包含单词的数组，示例代码如下：

```
$str = 'This a big apple!';        //待处理的句子
$res = explode(' ',$str);          //使用空格分割
print_r($res);   //输出数组:Array ( [0] => This [1] => a [2] => big [3] => apple!)
```

implode()函数返回由数组元素组合成的字符串，可以指定连接字符串，语法为：implode($separator, $array)，第一个参数可选，规定了数组元素之间连接的内容，默认为空字符串，第二个参数为待组合的字符串数组。

连接数组元素，返回连接后的字符串并输出，示例代码如下：

```
$arr = ['This','is','a','big','apple']; //待连接的数组
echo implode(' ',$arr);                 //输出连接后的字符串:This is a big apple
```

3．日期时间函数

PHP 语言提供了丰富的日期时间相关函数，很多函数在实际应用中广泛使用。PHP 内部以 64 位数字存储日期和时间信息，可以覆盖当前时间前后 2920 亿年的时间范围，足以满足现有应用的实际需求。查询 PHP 手册，可以看到所有 PHP 提供的 Date/Time 函数列表，如图 3-11 所示。

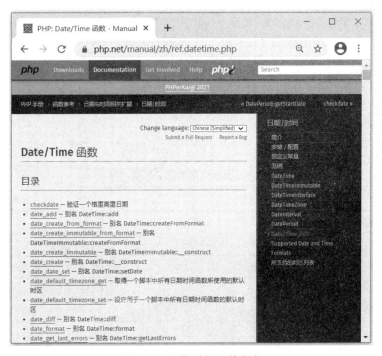

图 3-11　日期时间函数参考

表 3-2 列出了部分常见的日期时间函数名及其功能描述，更详细的定义需结合手册查阅。

表 3-2　常见日期时间函数

函数名	功能描述
date_default_timezone_set()	设置时区
date_default_timezone_get()	获取时区
date()	格式化输出一个本地时间/日期
time()	返回当前的 UNIX 时间戳
strtotime()	将任何字符串的日期时间描述解析为 UNIX 时间戳
mktime()	取得一个日期的 UNIX 时间戳
getDate()	获取时间和日期信息

（1）设置时区函数。每个地区都有自己本地的时间，为了统一起见，地球被划分为 24 个时区，PHP 默认时区是 UTC，UTC 是世界标准时间，与 GMT（格林威治时间）一致，中国北京在时区的东八区，领先 UTC 8 个小时，所以在计算当前时间的时候，先要确认时区是否正确。

如下示例代码演示了时区的获取与设置：

```
echo date_default_timezone_get();            //输出系统默认的时区
date_default_timezone_set('Asia/Shanghai');  //设置时区为 Asia/Shanghai
echo date_default_timezone_get();            //输出设置后的时区
```

（2）time()函数。time()函数返回当前的 UNIX 时间戳，即自格林威治时间 1970 年 1 月 1 日 0 时 0 分 0 秒到当前时间的秒数。函数没有参数，返回 int 值代表时间戳，如下代码输出当前时间戳：

```
echo time();   //输出当前时间戳秒数 例如 1614610813
```

（3）date()函数。date()函数用来格式化一个本地时间或者日期，使用语法为：date ($format, $timestamp)，第一个参数指定时间日期格式，第二个参数是可选参数，可设置时间戳，默认值是当前时间戳 time()。

函数返回将整数$timestamp 按照给定的格式$format 产生的字符串，如果没有给出时间戳则使用本地当前时间。

格式字符串可以识别参数字符，表 3-3 列出了部分格式字符，完整格式符号参考编程手册。

表 3-3　date( )函数部分格式字符

格式字符	说明	返回值
d	月份中的第几天，有前导零的 2 位数字	01 到 31
D	星期中的第几天，文本表示，3 个字母	Mon 到 Sun
w	星期中的第几天，数字表示	0（表示星期天）到 6（表示星期六）
z	年份中的第几天	0 到 365
m	数字表示的月份，有前导零	01 到 12
M	3 个字母缩写表示的月份	Jan 到 Dec

续表

格式字符	说明	返回值
Y	4 位数字完整表示的年份	例如：1999 或 2021
y	2 位数字表示的年份	例如：99 或 03
H	小时，24 小时格式，有前导零	00 到 23
i	有前导零的分钟数	00 到 59
s	秒数，有前导零	00 到 59

如下代码演示了使用 date() 函数输出不同格式的时间：

```
echo date("Y-m-d", time()).'<br>';              //显示格式如 2021-03-01
echo date("Y.m.d").'<br>';                       //显示格式如 2021.03.01
echo date("M d-Y").'<br>';                       //显示格式如 Mar 01-2021
echo date("Y 年 m 月 d 日 H:i").'<br>';          //显示格式如 2021 年 03 月 01 日 15:15
```

（4）strtotime() 函数。strtotime() 函数将任何英文文本的日期时间描述解析为时间戳。语法为：strtotime($time, $now)，$time 指定要解析的时间字符串，$now 是可选参数，默认为当前时间，用来计算返回值的时间戳。

如下代码演示了 strtotime() 函数的使用，通过将不同文本日期解析为时间戳，并使用 date() 函数指定格式输出时间戳对应的时间。

```
echo date('Y-m-d H:i:s', strtotime ( "now" )).'<br>';                                           //获取当前日期时间
echo date('Y-m-d H:i:s', strtotime ( "1 March 2021 13 hour 10 minutes 1 seconds" )).'<br>';
                                                                                                 //获取指定日期时间
echo date('Y-m-d H:i:s', strtotime ( "+1 day" )).'<br>';                                         //获取一天后时间
echo date('Y-m-d H:i:s', strtotime ( "+1 week" )).'<br>';                                        //获取一周后时间
echo date('Y-m-d H:i:s', strtotime ( "+1 week 1 seconds" )).'<br>';                              //获取一周 1 秒后时间
echo date('Y-m-d', strtotime ( "next Thursday" )).'<br>';                                        //获取下一个星期四日期
echo date('Y-m-d', strtotime ( "last Monday" )).'<br>';                                          //获取上一个星期一日期
```

输出结果与运行时间一致，输出内容类似如下：

```
2021-03-01 16:01:30
2021-03-01 13:10:01
2021-03-02 16:01:30
2021-03-08 16:01:30
2021-03-08 16:01:31
2021-03-04
2021-02-22
```

（5）mktime() 函数。mktime() 函数可以根据给出的参数返回 UNIX 时间戳，在使用时只需按照按顺序传送给函数希望表示的小时、分钟、秒数、月份、日期及年份返回 UNIX 时间戳，如果没有参数则取当前日期时间。

语法：mktime($hour, $minute, $second, $month, $day, $year)。

如下代码演示了 mktime() 函数的使用，通过顺序传递参数获得时间戳，并通过 date() 函数按照指定日期格式输出进行验证。

```
echo date("Y-m-d H:i:s", mktime(0,0,0,1,1,1970)).'<br>';
echo date("Y-m-d H:i:s", mktime(10,19,1)).'<br>';
```

```
echo date("Y-m-d H:i:s", mktime(11,10)).'<br>';
echo date("Y-m-d H:i:s", mktime()).'<br>';
```

运行输出效果与运行时间一致，输出内容类似如下：

```
1970-01-01 00:00:00
2021-03-01 10:19:01
2021-03-01 11:10:30
2021-03-01 16:01:30
```

4. 数学函数

PHP 内置数学函数提供了对常见数学计算的支持，在开发手册中可以看到 Math 函数列表，如图 3-12 所示。

图 3-12　数学函数参考

表 3-4 列出了部分常见的 Math 函数，完整的函数列表请参考开发手册。

表 3-4　常见数学函数

函数名	功能描述
pi()	返回圆周率 PI 的值
round()	对浮点数进行四舍五入
floor()	向下舍入为最接近的整数
ceil()	向上舍入为最接近的整数
rand()	返回随机整数
max()	返回一个数组中的最大值，或者几个指定值中的最大值
min()	返回一个数组中的最小值，或者几个指定值中的最小值

（1）舍入函数。对浮点数舍入取整的函数常用的有 3 个，分别是 round()、floor() 和 ceil()，实现对浮点数的四舍五入、向下取整和向上取整，以下代码演示了这 3 个函数的功能区别：

```
echo round(3.5);        //四舍五入后 输出 4
echo floor(3.7);        //向下舍入取整 输出 3
echo ceil(3.2);         //向上舍入取整 输出 4
```

（2）随机数函数。rand()函数返回随机整数，语法为：rand($min, $max)，返回$min 和$max 之间的随机整数（包括边界值），如果没有提供参数，则返回 0 到随机数最大的可能值（getrandmax()可获取）之间的伪随机整数。以下代码演示了随机数函数的功能：

```
echo rand();            //生成 0～getrandmax()返回值之间的随机数
echo rand(1,10);        //生成 1～10 之间的随机数,包含 1 和 10
```

【任务实施】

首先通过编程手册查询函数 substr_replace()声明，函数使用语法为：substr_replace ($string, $replacement, $start, $length)，实现把字符串的一部分替换为另一个字符串。

函数参数有 4 个，$string 指定待处理的字符串，$replacement 指定替换字符串，$start 指定从哪里开始替换，$length 指定替换的长度。其中$start 为正数，替换将从$string 的$start 位置开始，如果为负数，替换将从倒数第$start 个位置开始。

在了解了函数的定义和使用后，创建文件 3-4.php，开始编写程序实现手机号码的隐私处理，代码如下所示：

```php
<?php
function fun($str){
        return substr_replace($str, '****' , 3, 4);
}
$phone = '13920337789';
$res = fun($phone);
echo '处理后的手机号码为:'.$res;
```

在代码中我们定义了函数 fun()处理手机号码，在函数体内调用 substr_replace()函数，查找手机号码第 3 索引位置长度为 4 的字符串，并替换为 4 个星号，返回处理后的结果。

测试运行，输出结果为"处理后的手机号码为:139****7789"。

【任务小结】

本任务使用 PHP 内置函数完成了手机号码的隐私处理这一常见功能，PHP 语言提供了丰富的内置函数，开发者很难做到掌握所有函数，但是当掌握了函数的基本语法后，结合 PHP 编程手册，就可以方便地查找到所要使用的函数，完成开发任务。

任务 3 数组找最值

【任务描述】

实际应用中经常需要查询一组数据的最值，如查询评分最高的美食、得分最高的学员等等，本任务要求在给定的内容为数值的数组中，查找出数组的最大值和最小值，并输出其位置和值。

数组找最值

【任务分析】

任务的完成需要使用数组的知识，知道如何在 PHP 中定义一个数组并且赋值，如何操作数据元素，PHP 内置函数中提供了哪些相关的函数，因此在开始任务之前，我们先一起学习 PHP 数组相关知识。

【知识链接】

1. PHP 数组简介

数组是一个能在单个变量中存储多个值的特殊变量，可以根据键访问其中的值。PHP 数组比其他高级语言中的数组更加灵活，不但支持以数字为键名的索引数组，而且支持以字符串或字符串和数字混合为键名的关联数组。

数组中每个值被称为一个元素，每个元素由一个特殊的标识符来区分，这个标识符称为键或者下标，通过键值获取相应的数组元素，这些键可以是数值键，也可以是关联键。

2. 数组定义与元素访问

在 PHP 中数组可以分为索引数组、关联数组和多维数组 3 类，接下来分别讲解这 3 种数组的定义和使用。

（1）索引数组。索引数组是键名为数字的数组，定义索引数组可以有多种方法，如下代码演示了定义索引数组的方法：

```
$arr1 = Array(100,80,60,70);
$arr2 = ['apple','pear','orange'];
```

使用 print_r()函数输出数组$arr1 和$arr2，分别输出内容如下：

```
Array ( [0] => 100 [1] => 80 [2] => 60 [3] => 70 )
Array ( [0] => apple [1] => pear [2] => orange )
```

可以看出两种方式定义了索引数组，数组元素键值为数字，第一个元素索引值为 0。

索引元素的访问语法为：数组变量名[索引数字]，例如$arr1[1]可以获取数组$arr1 第二个元素值。

（2）关联数组。关联数组的键名一般是有意义的字符串，使用符号=>连接键名和值，如下代码演示了关联数组的定义：

```
$arr1 = Array('PHP'=>100,'Java'=>80,'JavaScript'=>60,'C++'=>70);
$arr2 = ['name'=>'张三','age'=>18,'gender'=>'男'];
```

使用 print_r()函数输出数组$arr1 和$arr2，输出内容如下：

```
Array ( [PHP] => 100 [Java] => 80 [JavaScript] => 60 [C++] => 70 )
Array ( [name] => 张三  [age] => 18 [gender] => 男  )
```

可以看出两种方式定义了关联数组，数组元素键名为字符串，键名指明了元素值的作用。

关联数组元素的访问语法为：数组变量名['键名']，例如$arr2['name']可以获取数组$arr2 第一个元素值"张三"。

索引数组和关联数组是最基本的两种数组类型，可以定义混合型的数组，既包含索引键名，也包含字符串键名。

小贴士

在 PHP 数组中，键名支持整数或者字符串，元素值可以为任意类型。当定义元素键名不是整数或者字符串时，会进行强制转换。例如，数组定义时键名为 8.6，实际会存储为 8。布尔值也会被转换成整型，即键名 true 实际会被存储为 1，而键名 false 会被储存为 0。键名 NULL 会被转换为空字符串，即键名 NULL 实际会被存储为""。

（3）多维数组。多维数组即数组的元素也是数组，如下代码定义了一个二维数组和三维数组，并访问输出数组元素的值。

```
                            //定义一个二维数组
$user = [
  'name'=>'张三',
  'age'=>18,
  'gender'=>'男',
  'hobby'=> [
            '游泳',
            '爬山',
            '跑步'
            ]
  ];
echo $user['hobby'][0];          //输出游泳
                            //定义一个三维数组
$class = [
  'class01'=> [
            'one'=>['小白','小黑'],
            'two'=>['小花','小李']
            ],
  'class02'=> [
            'one'=>['Jim','Lily'],
            'two'=>['Lucy','Jack']
            ]
  ];
echo $class['class02']['one'][1];   //输出 Lily
```

3. 数组遍历

获取每一个数组元素又称数组的遍历，数组遍历一般借助循环语句实现，可以使用 while 和 for 语句结构循环遍历数组，PHP 也支持 foreach 语句，在遍历数组的时候 foreach 语句更加方便。

foreach 语句遍历数组语法如下：

```
foreach ($array as $key => $value) {
    //循环体语句
}
```

下面代码演示了使用 for 语句对索引数组元素进行遍历的过程：

```
//for 遍历索引数组
$arr=[11,22,33,44,55];
```

```
for($i=0; $i<count($arr); $i++){
    echo $arr[$i].' ';
};
// 输出: 11 22 33 44 55
```

下面代码演示了使用 foreach 语句对关联数组元素进行遍历的过程：

```
//foreach 遍历关联数组
$user=["name"=>"Jim","age"=>18,"sex"=>"男"];
foreach ($user as $key=>$value) {
    echo $key.":".$value." ";
};
// 输出: name:Jim age:18 sex:男
```

索引数组还有一种 list 语句结构，可以一次操作获取多个数组元素，因此也可以实现数组元素的遍历，代码如下所示：

```
//list 只用于索引数组
list($a,$b,$c,$d,$e) = ["小白","小黑","小红","小黄","小蓝"];
echo $a,$b,$c,$d,$e;
//输出：小白小黑小红小黄小蓝
```

4. 数组相关函数

PHP 提供了丰富的数组相关内置函数，在 PHP 开发手册中搜索数组，可以看到图 3-13 所示数组的内容介绍，以及数组相关函数列表。

图 3-13　数组函数参考

表 3-5 列出了部分常用数组函数及其功能描述。

表 3-5　常见数组相关函数及功能描述

函数	功能描述
array_values()	数组中所有的值放入一个新的索引数组，并返回
array_keys()	数组中所有的键放入一个新的索引数组，并返回
array_reverse()	颠倒数组顺序
in_array()	检查数组中是否存在某个值
array_search()	在数组中搜索给定的值，如果成功则返回相应的键名
count()	计算数组中的单元数目或对象中的属性个数
array_unshift()	在数组开头插入一个或多个元素
array_push()	在数组结尾插入一个或多个元素
array_unique()	移除数组中重复的值
array_pop()	删除数组最后一个元素
array_shift()	删除数组开头的元素
sort()	排序（升序）
rsort()	排序（降序）
array_merge()	合并一个或多个数组

（1）删除数组元素。可以删除数组元素的函数有多个，如 array_unique()、array_pop()、array_shift()、array_splice()，可根据删除需求选择合适的删除函数。

array_unique()函数会去除数组中重复元素，返回新数组，示例代码如下：

```
$arr = ['a','b','c','d','c','e'];       //待处理的数组
$newarr = array_unique($arr);           //删除重复元素 返回新数组
print_r($newarr);                       //输出: Array ( [0] => a [1] => b [2] => c [3] => d [5] => e )
```

array_pop()函数可以删除数组最后一个元素，array_shift()函数删除数组第一个元素，并返回删除的元素值，示例代码如下：

```
$arr = ['a','b','c','d','c','e'];       //待处理的数组
echo array_pop($arr);                   //删除数组最后一个元素 输出: e
echo array_shift($arr);                 //删除数组第一个元素 输出:a
print_r($arr);                          //删除元素后数组为: Array ( [0] => b [1] => c [2] => d [3] => c )
```

💡小贴士　使用 array_pop()和 array_shift()函数删除数组元素后，数组索引键值会重新排序。unset()函数也可以删除元素，但不会重排数组索引。

（2）插入数组元素。插入数组元素可以使用函数 array_unshift()、array_push()，分别可以实现在数组开头或者结尾插入一个或者多个元素。

以下代码演示了插入数组元素函数的使用：

```
$arr = ['a','b','c'];                   //待处理的数组
print_r($arr);                          //输出: Array ( [0] => a [1] => b [2] => c )
array_unshift($arr,'xx','yy');          //在数组开头添加两个元素
```

```
print_r($arr);                         //结果输出: Array ( [0] => xx [1] => yy [2] => a [3] => b [4] => c )
array_push($arr,'zz','qq');            //在数组结尾插入两个元素
print_r($arr);
                    //结果输出: Array ( [0] => xx [1] => yy [2] => a [3] => b [4] => c [5] => zz [6] => qq )
```

（3）数组元素排序。数组元素排序是很常见的编程任务，比如顺序、逆序排列数组元素。PHP 提供了丰富的排序函数，可以满足开发者的不同需求，根据排序是否保持原始数组元素的键值对提供了不同的函数。

sort()函数可以对各元素按值由低到高的顺序排列，直接改变数组元素顺序，排序成功返回 true，失败返回 false。函数语法为：bool sort (array $arr [,int sort_flags])，$arr 为待排序数组，sort_flags 参数可选，将根据这个参数指定排序的规则。默认取值是 SORT_REGULAR，按照相应的 ASCll 值对元素排序，SORT_NUMERIC 是按数值排序，对整数或浮点数排序适用。

以下代码演示了 sort()函数的使用：

```
$arr=[2,3,0,1,5];          //待排序数组
sort($arr);                //按照 ASCII 值对元素值排序
print_r($arr);             //输出: Array ( [0] => 0 [1] => 1 [2] => 2 [3] => 3 [4] => 5 )
$arr=['apple'=>'red','grape'=>'purple','peach'=>'pink'];   //待排序数组
sort($arr);                //按照 ASCII 值对元素值排序
print_r($arr);             //输出: Array ( [0] => pink [1] => purple [2] => red )
```

对比执行结果可以看出，sort()函数直接改变了原数组元素顺序，且元素的键重新排序，即不保存原来的键值关系。

💡小贴士　在对含有混合类型值的数组排序时要小心，因为 sort()可能会产生不可预知的结果。

asort()函数与 sort()函数相同，以升序对数组排序，只不过它将保持键与值的关联。以下代码运行输出，可以看出 asort()函数按照值升序排序后，原来的键值关系仍然保留。

```
$arr=[2,3,0,1,5];          //待排序数组
asort($arr);               //升序排列
print_r($arr);             //输出: Array ( [2] => 0 [3] => 1 [0] => 2 [1] => 3 [4] => 5 )
$arr=['apple'=>'red','grape'=>'purple','peach'=>'pink'];    //待排序数组
asort($arr);               //升序排列
print_r($arr);             //输出: Array ( [peach] => pink [grape] => purple [apple] => red )
```

（4）数组合并。array_merge()函数将一个或多个数组合并起来，一个数组中的值附加在前一个数组的后面，返回合并后的数组。合并时如果键名有重复，该键的键值为最后一个键名对应的值，即后面的覆盖前面的。如果数组是数字索引的，则键名会以连续方式重新索引。

array_merge()函数语法为：array_merge(array1,array2,array3…)，当传递 2 个或者 3 个参数时，按照函数定义合并规则进行合并。如果只传递 1 个参数，当参数数组键名是整数时，则返回带有整数键名的新数组，其键名以 0 开始进行重新索引，如果键名不是整数，则返回原数组。

以下代码展示了 array_merge()函数的合并功能：

```
$arr1 = array('color'=>'red',2,4);                        //待合并的数组$arr1
$arr2 = array('a','b','color'=>'green','fruit'=>'apple',4);   //待合并的数组$arr2
```

```
$result = array_merge ($arr1,$arr2);          //数组合并 返回合并后的数组
print_r ($result);                            //输出
```

合并后的数组如下：

```
Array
(
    [color] => green
    [0] => 2
    [1] => 4
    [2] => a
    [3] => b
    [fruit] => apple
    [4] => 4
)
```

从数组合并结果可以看到，键名 color 对应的值合并后被覆盖为 green，整数键名索引键会连续重新索引。

当合并函数调用只传递一个参数且键名为整数，则重新索引，示例代码如下：

```
$arr3=array(8=>"red",4=>"green");  //待合并的数组
print_r(array_merge($arr3));  //输出处理后的数组
```

从返回处理后的数组可以看到整数索引重新从 0 开始索引，如下所示：

```
Array
(
    [0] => red
    [1] => green ·
)
```

（5）数组与 JSON 转换函数。PHP 支持 JSON 格式字符串与数组的互转，表 3-6 展示了转换函数的使用和功能描述。

表 3-6　数组与 JSON 转换函数

函数	说明
json_encode(数组)	将除了 resource 类型外的任何数据类型转换为 JSON 格式编码字符串
json_decode(字符串, 参数)	对 JSON 格式的字符串进行解码，参数为 true 时返回数组，为 false 时返回对象，默认为 false

以下代码演示了两个函数的使用，代码和输出情况：

```
$user=["name"=>"Jim","age"=>18,"sex"=>"男"];     //待处理的数组
$json = json_encode($user);   //将数组转换为 JSON 格式字符串
echo $json;   //输出 JSON 格式字符串:{"name":"Jim","age":18,"sex":"\u7537"}
$arr = json_decode($json,true);
print_r($arr); //输出:Array ( [name] => Jim [age] => 18 [sex] => 男 )
```

【任务实施】

在 PHP 数学函数中提供了 max() 和 min() 两个函数，分别可以获得数组元素最大值和最小值，再利用数组内置函数 array_search() 搜索最值在数组中的键名，可以获得最值的位置。

接下来我们综合使用这几个函数完成找数组元素最值的任务，查询并阅读函数定义规则，根据函数定义调用函数，实现查找并输出最值及其位置的功能。

创建文件 3-5.php，添加代码如下：

```php
<?php
$arr=[10,6,99,3,100,7];    //待处理的数组
$max = max($arr);    //获得最大值
$maxpos = array_search($max, $arr);    //获得最大值的位置
$min = min($arr);    //获得最小值
$minpos = array_search($min, $arr);    //获得最小值的位置
echo '最大值是第'.($maxpos+1).'个元素,值:'.$max;
echo '<br/>';
echo '最小值是第'.($minpos+1).'个元素,值:'.$min;
```

测试运行，输出内容如下：

```
最大值是第 5 个元素,值:100
最小值是第 4 个元素,值:3
```

【任务小结】

本任务练习了数组的定义和基本使用，通过本任务知识点的学习，读者要掌握 PHP 数组的定义和遍历，并学会通过手册查阅数组函数，能够读懂编程手册并根据手册语法定义编写程序。

项目拓展　验证图片格式

【项目分析】

实际开发中需要经常进行文件类型的验证操作，比较典型的有验证上传图片的格式是否正确。判断图片格式的实现方法有很多，在本项目中我们采用字符串处理的实现思路，即将图片名当作字符串来处理，获取图片格式并转变为查找图片名中最后一个 "." 符号后面的字符串。

验证图片格式

PHP 字符串内置函数 strrchr()函数可以实现字符查找功能，该函数用于查找字符在另一个字符串中最后一次出现的位置，并返回从该位置到字符串结尾的所有字符。函数语法为：strrchr($str, $char)，参数$str 指定要搜索的字符串，参数$char 指定要查找的字符，函数搜索$char在$str 中最后出现的位置，并返回包含$char 到字符串结尾的所有字符。本项目图片扩展名的获取将使用 strrchr()函数实现。

【项目实施】

创建文件 3-6.php，编写验证图片格式函数 verify()，函数参数为待验证图片的文件名，返回验证结果字符串。

```php
<?php
function verify($imgurl){
    //获取图片扩展名
    $ext = strrchr( $imgurl , '.');
```

```
        //判断图片格式是否正确
        if($ext == '.png' || $ext == '.jpeg' || $ext == '.jpg'){
                return '格式正确!';
        }else{
                return '错误格式: '.$ext;
        }
    }
```

定义变量存储图片名，调用验证函数并输出结果，继续添加代码如下：

```
$imgurl = 'flower.jpg';
echo $ext = verify($imgurl);
```

运行输出"格式正确!"。

修改代码，更改图片名，调用验证函数并输出结果，修改代码如下：

```
$imgurl = 'flower.doc';
echo $ext = varify($imgurl);
```

运行输出"错误格式: .doc"。

思考与练习

一、单选题

1. 查阅编程手册，查询 is_null()函数声明，阅读以下代码，$result 的结果是（　　）。

```
$x="";
$result=is_null($x);
var_dump($result);
```

    A．报错　　　　　　B．bool(true)　　　C．bool(false)　　　　D．""

2. 查阅编程手册，在 PHP 中能够实现字符串反转的方法是（　　）。

    A．str_reverse　　　B．reverse　　　　　C．strrev　　　　　　D．strReverse

3. 下面的脚本运行以后，输出的内容是（　　）。

```
<?php
$array = array('1', '1');
foreach ($array as $k=>$v){
    $array[$k]= 2;
}
print_r($array);    ?>
```

    A．array ('2', '2')　　　　　　　　　　B．array([0]=>'1', [1]=>'1')

    C．array ([0]=>2 ,[1]=> 2)　　　　　　D．array (Null, Null)

4. 下列 PHP 函数写法正确的是（　　）。

    A．function void add(){ }　　　　　　B．function add($X){ return $x; }

    C．function add(x){ return x; }　　　　D．function add($x){return $x; }

5. array_push()的作用是（　　）。

    A．将一个或多个元素压入数组的末尾

　　B．将数组的最后一个元素弹出

　　C．将数组的第一个元素弹出

　　D．将一个或多个元素插入数组的开头

6．在 PHP 的 str_replace(1, 2, 3) 函数中，1、2、3 所代表的含义是（　　　）。

　　A．"取代字符串""被取代字符串""来源字符串"

　　B．"被取代字符串""取代字符串""来源字符串"

　　C．"来源字符串""取代字符串""被取代字符串"

　　D．"来源字符串""被取代字符串""取代字符串"

二、多选题

1．PHP 用于输出的有（　　　）。

　　A．echo()　　　　　B．print()　　　　　C．print_r()　　　　　D．var_dump()

2．以下可以删除数组元素的函数是（　　　）。

　　A．array_push()　　B．array_pop()　　C．array_shift()　　D．array_unshift()

3．PHP 函数的参数传递包括（　　　）。

　　A．按值传递　　　　B．按变量传递　　C．按作用域传递　　D．按引用传递

4．下面属于 PHP 数组排序方法的是（　　　）。

　　A．sort　　　　　　B．rsort　　　　　　C．asort　　　　　　D．ksort

5．PHP 中数组可以使用的键名有（　　　）。

　　A．数字键名　　　　　　　　　　　B．下标

　　C．NULL　　　　　　　　　　　　D．文本（或字符串）键名

三、判断题

1．PHP 中数组类型有关联数组、索引型数组和多维数组。　　　　　　　　　（　　）

2．PHP 可以使用 scanf 来打印输出结果。　　　　　　　　　　　　　　　（　　）

3．函数 current($arr) 返回数组当前指针指向的元素。　　　　　　　　　　（　　）

四、实操题

1．利用时间日期函数编写程序，给定一个日期，计算距离当前日期的天数。

2．综合利用所学函数知识编写一个摇号程序，每次运行随机抽取幸运用户名单。

项目 4　操作文件与目录

项目导读

　　文件与目录操作在 PHP 语言中占有重要的地位，在很多应用中都涉及文件或者目录创建、读取等操作。PHP 对文件系统有很好的支持，提供了非常多的文件目录操作函数，此外 PHP 还能较好地支持文件上传功能。本项目通过操作文件内容、操作目录以及文件上传 3 个任务，综合讲解了 PHP 文件与目录操作的常用函数。通过本项目的学习，读者能够掌握 PHP 文件目录操作的基本原理和常用函数，能够综合所学知识完成常见的文件目录操作任务。

教学目标

- 掌握文件的属性相关函数
- 掌握文件读取和操作相关函数
- 掌握目录创建、读取等目录操作函数
- 掌握文件上传表单设置
- 掌握文件上传的原理和实现

任务 1　操作文件内容

【任务描述】

操作文件内容

　　本任务要求通过 PHP 程序实现，在当前目录下创建一个文件 user.txt，在文件中添加用户的个人信息，完成内容添加后，读取文件内容并输出。

【任务分析】

　　任务综合了文件的创建、内容写入和读取等知识，涉及 PHP 文件操作的相关函数，在开始任务之前，我们先一起学习 PHP 文件操作的相关知识。

【知识链接】

1. 文件路径

　　文件一般指存储在硬盘上具有名字（文件名）的一组相关数据集合，文件存储的位置一般称为文件的路径。路径有相对路径和绝对路径两种表现方式，如 D:/pic.jpg 是一个绝对路径，./pic.jpg 是一个相对路径。在相对路径中"./"表示当前目录，"../"表示上一级目录。

　　PHP 提供了与文件路径相关的函数，见表 4-1。

表 4-1　文件路径相关函数

文件路径相关函数	说明
basename()	获取路径中的文件名部分
dirname()	获取路径中的目录部分
pathinfo()	获取路径中的大部分信息，返回数组

创建文件 4-1.php，编写示例代码如下所示：

```php
<?php
    $path = 'D:/xampp/htdocs/test/index.php';
    echo '路径中的文件名: '.basename($path).'<br/>';
    echo '路径中的目录: '.dirname($path).'<br/>';
    echo '路径中包含的信息,以数组形式显示:'.'<pre>';
    print_r(pathinfo($path));
```

测试运行，路径相关函数解析路径字符串，输出内容如下：

```
路径中的文件名: index.php
路径中的目录: D:/xampp/htdocs/test
路径中包含的信息,以数组形式显示:
Array
(
    [dirname] => D:/xampp/htdocs/test
    [basename] => index.php
    [extension] => php
    [filename] => index
)
```

2. 打开和关闭文件

在操作文件之前，先要打开文件，这是进行文件操作的第一步，在 PHP 中打开一个文件，可以使用 fopen()函数。当打开一个文件的时候，还需要指定如何使用它，也就是文件模式。有打开就有关闭，所以当文件操作完成之后，需要将打开的文件关闭以释放资源，关闭文件使用 fclose()函数，fopen()和 fclose()函数通常是成对出现的。

（1）打开文件。PHP 中可以使用 fopen()函数来打开文件或者 URL。如果打开成功，则返回文件指针资源；如果打开失败则返回 false，函数的语法格式如下：

```
fopen(string $filename, string $mode[, bool $use_include_path = false[, resource $context]])
```

函数有 4 个参数，前 2 个是必选参数，后两个是可选参数，其中$filename 指定待打开文件的 URL，这个 URL 可以是文件所在服务器中的绝对路径，也可以是相对路径或者网络资源中的文件；参数$mode 用来设置文件的打开方式（文件模式），其取值有多种，根据文件打开方式的不同可以设置下不同的参数值，见表 4-2。

表 4-2　文件读取模式参数取值及说明

文件模式	说明
r	以只读方式打开，将文件指针指向文件头
r+	以读写方式打开，将文件指针指向文件头
w	以只写方式打开，将文件指针指向文件头并将文件内容清空。如果文件不存在则创建该文件
w+	以读写方式打开，将文件指针指向文件头并将文件内容清空。如果文件不存在则创建该文件

续表

文件模式	说明
a	以只写方式打开，将文件指针指向文件末尾。如果文件不存在则创建该文件
a+	以读写方式打开，将文件指针指向文件末尾。如果文件不存在则创建该文件
x	创建并以写入方式打开，将文件指针指向文件头。如果文件已存在，则 fopen()调用失败并返回 false，且生成一条 E_WARNING 级别的错误信息。如果文件不存在则创建该文件，适用于本地文件
x+	创建并以读写方式打开，其他的行为和 x 一样

最后两个可选参数，$use_include_path 可以设置为 1 或者 true，表示需要在 include_path 中搜寻文件，默认为 false；$context 是可选参数，在 PHP 5.0.0 中增加了对上下文（Context）的支持。

创建文件 4-2.php，添加代码，分别以只读方式（r）和写入方式（w）打开文件，代码如下所示：

```php
<?php
//以只读方式打开已有的文件
$handle1 = fopen("./4-1.php", "r");
var_dump($handle1); echo '<br>';
//以写入方式打开文件,文件不存在则创建文件
$handle2 = fopen("./test.txt", "w");
var_dump($handle2); echo '<br>';
```

测试运行，可以发现在当前目录下多了文件 test.txt，且浏览器输出内容如下，表示打开文件成功：

```
resource(3) of type (stream)
resource(4) of type (stream)
```

（2）关闭文件。继续修改 4-2.php 文件，添加关闭文件函数 fclose()并调用代码。fclose()函数使用较为简单，语法为：fclose(resource $handle)，将一个已经打开的文件指针关闭，关闭成功返回 true，失败返回 false。其中$handle 为要关闭的文件指针，这个指针必须是有效的，并且是通过 fopen()或 fsockopen()函数成功打开的。

修改后的 4-2.php，代码如下：

```php
<?php
//以只读方式打开已有的文件
$handle1 = fopen("./4-1.php", "r");
var_dump($handle1);    echo '<br>';
//以写入方式打开文件,文件不存在则创建文件
$handle2 = fopen("./test.txt", "w");
var_dump($handle2);    echo '<br>';
echo '执行文件指针关闭'.'<br>';
fclose($handle1);
fclose($handle2);
var_dump($handle1);    echo '<br>';
var_dump($handle2);    echo '<br>';
```

测试运行，浏览器输出内容如下：

resource(3) of type (stream)
resource(4) of type (stream)
执行文件指针关闭
resource(3) of type (Unknown)
resource(4) of type (Unknown)

从输出内容可以看出当执行了关闭文件 fclose()函数后，文件指针被关闭，再次输出显示为 Unknown。

3．文件读写

文件读写是程序开发中基本的操作之一。实际应用中，经常需要从文件中读取数据或者向文件写入数据，如分析日志数据和记录日志等。

常用的文件读写函数及说明见表 4-3。

表 4-3　文件读写相关函数

文件读写相关函数	说明
fread()	读取文件，长度单位为字节
fwrite()	写入文件内容
file_get_contents()	将整个文件内容读入一个字符串，相当于 fopen()、fread()、fclose()组合动作
file_put_contents()	将字符串写入文件，相当于 fopen()、fwrite()、fclose()组合，可以追加写入

接下来分别演示文件写入和读取两种文件操作的函数用法和功能实现。

（1）文件写入。将程序中的数据保存到文件中可以使用 fwrite()或者 file_put_contents()函数，两个函数的语法及说明见表 4-4。

表 4-4　文件写入相关函数

函数语法	参数	说明
fwrite(resource $handle, string $string, int $length)	$handle：待写入的文件，是由 fopen()创建的资源 $string：要写入的字符串 $length：可选参数，用来设定要写入的字节数	把$string 的内容写入文件指针 $handle 处。如果指定了$length，当写入了$length 个字节或者写完了$string 以后，写入就会停止。函数执行成功，会返回写入的字节数，执行失败，则返回 false
file_put_contents(string $filename, mixed $data, int $flags = 0, resource $context)	$filename：要被写入数据的文件名 $data：要写入的数据，可以是字符串、一维数组或者资源等类型 $flags：可选参数，它的值可以是以下 3 种（可以使用"\|"运算符组合使用） 　FILE_USE_INCLUDE_PATH：在 include 目录中搜索$filename 　FILE_APPEND：如果文件$filename 已经存在，追加数据而不是覆盖 　LOCK_EX：在写入时获得一个独占锁 $context：可选参数，一个 context 资源	执行成功会返回写入到文件内数据的字节数，如果被写入的文件不存在，则会创建文件并执行写入

接下来创建文件 4-3.php，分别使用 fwrite()和 file_put_contents()在 4-2.php 创建的 test.txt

中添加内容，实现代码如下：

```php
<?php
//1.fwrite()函数写入数据
$handle = fopen("./test.txt", "w");                    //写入方式打开文件
fwrite($handle, "这是由 fwrite()函数添加的数据\r\n");    //写入数据
fclose($handle);                                       //关闭打开文件
//2.file_put_contents()以追加方式写入数据
$path = './test.txt';
file_put_contents($path, "这是由 file_put_contents()函数添加的数据",FILE_APPEND);
```

测试运行，浏览器无输出显示，检查 test.txt 文件，可以看到文本由原来的空白变成包含添加的两行字符，说明文件写入成功。

（2）文件读取。相对打开文件和关闭文件来说，从文件中读取数据要更复杂一些。利用 PHP 提供的文件处理函数可以读取一个字符、一行字符串或者整个文件，也可以读取任意长度的字符串。

fread()和 file_get_contents()函数可以实现文件读取，使用语法见表 4-5。

表 4-5　文件读取函数说明

函数语法	参数	说明
string fread (resource $handle , int $length)	$handle：文件系统指针，是由 fopen()创建的资源 $length：最多读取$length 个字节	从文件中读取指定长度的数据，当读取了$length 个字节或者读取到了文件末尾（EOF）时函数会停止读取，并返回所读取到的字符串。如果读取失败则返回 false
file_get_contents (string $filename, bool $use_include_path=false, resource $context, int $offset = -1, int $maxlen)	$filename：要读取的文件的名称 $use_include_path：可选参数，用来设定是否在 include_path 中搜索该文件，默认为 false $context：可选参数，表示一个资源，如果不需要自定义资源，可以用 NULL 来忽略 $offset：可选参数，用来设定文件中开始读取的位置。注意，不能对远程文件使用该参数 $maxlen：可选参数，用来设定读取的字节数，默认是读取文件的全部内容	函数执行失败时，可能返回布尔类型的 false，也可能返回一个非布尔值（如空字符）

接下来通过代码演示这两个函数读取文件内容的操作，创建文件 4-4.php，添加代码如下：

```php
<?php
//1.fread()函数读取全部数据
$handle = fopen("./test.txt", "r");              //读方式打开文件
$conent1 = fread($handle, filesize("./test.txt")); //读取全部内容
echo $conent1.'<br>';                            //输出读取的内容
fclose($handle);                                 //关闭打开文件
//2.file_get_contents()读取全部数据
$path = './test.txt';
$conent2 = file_get_contents($path);             //读取内容
echo $conent2.'<br>';                            //输出内容
```

在 fread()函数调用中，第二个参数使用 filesize()函数获取文件的字节数，实现了读取文件的全部内容。

打开浏览器测试运行，可以看到通过浏览器输出的内容与 test.txt 文本中的内容一致，说明文件读取成功。

4. 文件属性函数

在操作文件时，可能会使用到文件的一些常见属性，比如文件的大小、类型、修改时间、访问时间等等。PHP 中提供了非常全面的用来获取这些属性的内置函数，常用文件属性函数见表 4-6。

表 4-6　文件属性相关函数

文件属性相关函数	说明
filesize (string $filename)	返回一个文件的大小（字节）
filectime (string $filename)	获取文件的创建时间，时间以 UNIX 时间戳的方式返回
filemtime (string $filename)	获取文件的修改时间，时间以 UNIX 时间戳的方式返回
fileatime (string $filename)	获取文件的访问时间，时间以 UNIX 时间戳的方式返回
file_exists (string $filename)	检查文件或目录是否存在
is_file (string $filename)	判断给定文件名是否为一个正常的文件
is_dir (string $filename)	判断给定文件名是否是一个目录，如果文件名$filename 存在，并且是一个目录，返回 true，否则返回 false

接下来编写代码进行演示，创建文件 4-5.php，获取文件 test.txt 的相关属性，添加代码如下：

```php
<?php
//设置时区
date_default_timezone_set('Asia/Shanghai');
//待操作的文件路径
$path = './test.txt';
//判断文件是否存在
if(file_exists($path)){
        echo '文件存在'.'<br>';
        //获取并输出文件属性信息
        echo '文件大小为:'.filesize($path).'字节'.'<br>';
        $ctime = filectime($path);
        $mtime = filemtime($path);
        $atime = fileatime($path);
        echo '文件创建时间为:'.date('Y-m-d H:i:s',$ctime).'<br>';
        echo '文件修改时间为:'.date('Y-m-d H:i:s',$mtime).'<br>';
        echo '文件上次访问时间为:'.date('Y-m-d H:i:s',$atime).'<br>';
}else{
        echo '文件不存在';

}
```

测试运行，如文件存在，则浏览器输出"文件存在"，并输出文件的字节数及文件创建、修改和最后一次访问的时间。

5. 文件的复制、重命名和删除

在对文件进行操作时，不仅可以对文件中的数据进行操作，还可以对文件本身进行操作。例如复制文件、删除文件，以及为文件重命名等操作。PHP 提供了相关的文件基本操作函数，文件的 3 个基本操作函数如下所示：

- copy()：复制文件。
- rename()：重命名文件或目录。
- unlink()：删除文件。

（1）复制文件。copy()函数可以将一个文件复制到指定目录中，执行成功时返回 true，失败时返回 false。函数的语法格式如下：

```
copy(string $source, string $dest, resource $context)
```

参数$source 必选，指定源文件路径；参数$dest 必选，指定目标路径，如果文件已存在，则会将其覆盖，如果$dest 是一个 URL，若封装协议不支持覆盖已有的文件，则会复制失败；参数$context 为可选参数，表示上下文资源。

编写代码演示文件复制，将当前目录下创建的./test.txt 文件复制到 D:盘根目录，实现代码如下：

```php
<?php
    $file = './test.txt';                        //源文件路径
    $newfile = 'D:/test.txt';                    //目标路径
    var_dump(copy($file, $newfile));             //调用文件复制函数
```

测试运行，输出布尔值 true，成功将文件复制到 D:盘。

（2）重命名文件。rename()函数可以重命名一个文件或者目录，成功时返回 true，失败时则返回 false。该函数的语法格式为：rename(string $oldname,string $newname,resource $context)。

其中，参数$oldname 必选，为要修改的文件名，参数$newname 必选，为新的文件名，$context 为可选参数。编写代码演示文件重命名操作，将复制到 D:盘的文件 test.txt 重新命名为 newtest.txt，实现代码如下：

```php
<?php
    $oldname = 'D:/test.txt';                    //要修改的文件名
    $newname = 'D:/newtest.txt';                 //新文件名
    var_dump(rename($oldname, $newname));        //调用命名函数
```

测试运行，输出布尔值 true，检查文件，文件名修改成功。

（3）删除文件。unlink()函数可以删除指定的文件，函数执行成功时返回 true，失败时返回 false，其语法格式为：unlink(string $filename, resource $context)。

其中，参数$filename 为要删除的文件路径，$context 为可选参数，规定文件句柄的环境。编写代码演示文件删除操作，将 D:盘的 newtest.txt 文件删除，实现代码如下：

```php
<?php
    $file = 'D:/newtest.txt';        //待删除的文件
    var_dump(unlink($file));         //调用删除函数
```

测试运行，输出布尔值 true，检查文件，文件删除成功。

【任务实施】

实现文件创建和添加内容的方式有很多，本任务中我们主要使用 file_put_contents()和 file_get_contents()函数进行文件的创建和内容读写。

创建文件 4-6.php，添加文件创建和内容读取实现代码，如下所示：

```php
<?php
//文件路径
$path = './userinfo.txt';
//用户信息
$user1 = "user:admin01 lastaccesstime:20210101-10:30:11 \n";
$user2 = "user:admin02 lastaccesstime:20210121-13:30:12 \n";
//创建文件并写入信息
file_put_contents($path, $user1, FILE_APPEND);
file_put_contents($path, $user2, FILE_APPEND);
//读取信息并输出
$info = file_get_contents($path);
echo nl2br($info);
```

file_put_contents()进行文件写入时，如果文件不存在则创建文件并写入内容。测试运行代码文件，可以看到浏览器输出了读取到的内容，检查当前文件夹目录，可以看到新生成的 userinfo.txt 文件，文件中有写入的内容。

【任务小结】

本任务练习了 PHP 文件读取和写入的常用函数，通过本任务的知识点讲解和示例演练，读者要掌握 PHP 文件打开、关闭、读写、属性获取以及文本本身操作的常用函数，并能综合运用这些函数完成常见的文件操作功能。

任务 2　操作目录

操作目录

【任务描述】

本任务要求在当前目录下创建文件夹 img 及其子文件夹，用来保存复制的图片，子文件夹名字为当前日期。将本地一张图片复制到该文件夹下，并以新名字保存。最后在浏览器中输出文件夹内所有图片文件列表。

【任务分析】

任务的完成需要使用 PHP 目录操作相关函数，如创建目录、读取目录文件等，在开始任务前，我们先来学习目录操作的相关知识。

【知识链接】

1. 创建目录

在开发中有时需要在服务器上创建目录，比如以当天日期为名字创建目录来备份数据，或者以注册用户名为名字创建目录来存放用户注册信息文件等类似功能，就需要通过程序创建对应目录。

在 PHP 中可以使用 mkdir() 函数创建一个新的目录，函数的语法格式如下：

```
mkdir(string $pathname, int $mode = 0777, bool $recursive = false, resource $context )
```

该函数有 4 个参数，其中第一个参数必选，其他为可选参数。$pathname 指定要创建的目录路径（包含新目录的名称）；$mode 是可选参数，用来设定目录的权限，由 4 个数字组成，默认值是 0777（代表最大的访问权限）；$recursive 是可选参数，默认为 false，为 true 时允许递归创建由$pathname 所指定的多级嵌套目录；$context 是可选参数，在 PHP 5.0.0 中增加了对上下文（Context）的支持。

接下来编写代码实现在当前文件夹创建一个目录./demo/test，创建文件 4-7.php，添加代码如下：

```php
<?php
    $dir = './demo/test';   //待创建的目录路径
    if(is_dir($dir)){
        echo "该目录已经存在！";
    }else{
        //目录不存在则创建
        if( mkdir($dir, 0777, true) )
            echo '目录创建成功！';
    }
```

打开浏览器测试运行，第一次执行时，由于待创建目录不存在，则执行创建操作，浏览器输出"目录创建成功！"，检查当前目录，可以看到在当前目录下生成了 demo 文件夹及其子文件夹 test。再次执行，is_dir()检测到目录已经存在，就不再执行创建操作，浏览器输出"该目录已经存在！"。

2. 目录的打开和关闭

目录是文件系统的重要组成部分，也可以将其看成是一种特殊的文件，对目录的操作同对普通文件的操作类似，在浏览之前要先打开目录，浏览完毕后需要关闭目录。

打开目录和打开文件虽然都是执行打开的操作，但使用的函数是不同的，PHP 提供了 opendir() 和 closedir() 函数实现目录的打开和关闭，使用语法见表 4-7，is_dir()函数可以判断目录是否有效。

表 4-7 打开和关闭目录函数

打开和关闭目录函数	说明
opendir(string $path, resource $context)	参数$path 为要打开的目录路径，$context 为可选参数，设定目录句柄的环境
closedir(resource $dir_handle)	参数$dir_handle 为可选参数，表示目录句柄的资源（使用 opendir()函数打开的目录资源）

opendir()函数如果执行成功则返回目录句柄的资源，失败则返回 false。如果参数$path 不是一个合法的目录或者因为权限限制或文件系统错误而不能打开目录，opendir()函数会返回false，并产生一个 E_WARNING 级别的 PHP 错误信息，可以在 opendir()前面加上"@"符号来抑制错误信息的输出。

创建文件 4-8.php，通过代码演示目录打开和关闭相关函数的使用，实现代码如下所示：

```php
<?php
  $dir = './demo/test';              //待操作目录
  if(is_dir($dir)){                  //判断目录是否存在
        //打开目录
    $handle = opendir($dir);
    echo '目录关闭前:';   var_dump($handle);
        //关闭目录
    closedir($handle);
    echo '<br>目录关闭后:';   var_dump($handle);
  }
```

测试运行，由于目录已存在，则 is_dir()返回 true，执行目录打开和关闭操作，根据运行结果输出目录打开和关闭的目录资源，浏览器输出内容如下：

```
目录关闭前:resource(3) of type (stream)
目录关闭后:resource(3) of type (Unknown)
```

可以看出，当执行目录关闭后，目录资源为 Unknown，即代表目录已关闭。

3. 读取目录文件

正确打开目录后就可以获取该目录下的文件及文件夹信息了，在 PHP 中提供了 readdir()和 scandir()两个函数来读取指定目录下的内容。

（1）readdir()函数。readdir()函数语法为：readdir(resource $dir_handle)，参数$dir_handle可选，表示通过 opendir()函数打开的目录资源。函数运行成功时返回目录中下一个文件的文件名，文件名以在文件系统中的排序返回。当读取失败时返回 false。

接下来我们编写程序来演示 readdir()函数的使用，创建文件 4-9.php，编写代码读取当前目录下的文件并输出，添加代码如下：

```php
<?php
    $dir = './';
        if(is_dir($dir)){
        $handle = opendir($dir);
            //循环读取目录下的所有文件
        while (($file = readdir($handle)) !== false) {
            echo $file.'<br>';
        }
        closedir($handle);
    }
```

测试运行，通过循环控制，读取了当前目录下所有的文件内容，浏览器输出内容及效果如图 4-1 所示。

在输出的当前目录所有内容中，除了我们看得到的.php 等文件和目录外，还有在文件系统中存在的"."和".."目录，分别代表当前目录和上一级目录，这是文件系统存在的目录。Windows 系统中除了根目录外的目录都有这样两个目录存在。

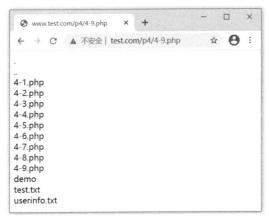

图 4-1　目录文件读取

（2）scandir()函数。使用函数 readdir()结合 while 循环可以获取目录下的所有文件，使用 scandir()函数也可以列出指定目录中的文件及文件夹名称，scandir()函数的语法格式如下：

```
scandir(string $directory, int $sorting_order, resource $context)
```

函数有 3 个参数，$directory 设置要读取的目录；$sorting_order 是可选参数，用来设定默认的排序方式，默认的排序顺序是按字母升序排列，设置为 1 则将按字母降序排列；$context 为可选参数，规定目录句柄的环境。

scandir()函数执行成功会返回一个包含文件及文件夹名称的数组，如果执行失败则返回 false。如果参数$directory 不是目录，则返回布尔值 false，并生成一个 E_WARNING 错误。

修改 4-9.php 代码，使用 scandir()函数读取当前目录的内容并输出，修改后的代码如下：

```php
$dir = './';        //指定当前目录
if(is_dir($dir)){
//阅读指定文件目录  返回未排序结果
    $filearr = scandir($dir);
}
echo "<pre>";
print_r($filearr);
```

测试运行，浏览器输出效果如图 4-2 所示，scandir()读取当前目录中的文件名称，以数组形式返回。

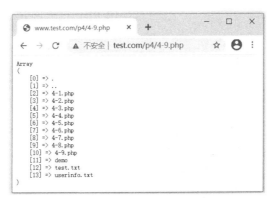

图 4-2　目录文件读取数组形式输出

4. 删除目录

同普通文件类似，如果确认某个目录已经不会被使用了，那么就可以把这个目录删除。在 PHP 中可以使用 rmdir()函数来删除指定的目录，该函数的语法格式如下所示：

```
rmdir(string $dirname, resource $context)
```

其中，参数$dirname 为要删除的目录路径，$context 为可选参数。使用 rmdir()函数删除指定目录时，这个目录必须是空的，而且要有相应的权限。函数执行成功时返回 true，执行失败则返回 false，如果删除一个不为空的目录会产生一个 E_WARNING 错误。

创建文件 4-10.php，编程演示目录删除过程，添加代码如下：

```php
<?php
    $dir = './demo/test';          //待删除目录
    if(is_dir($dir)){
        if(rmdir($dir)) echo '目录删除成功！';
    }else{
        echo "目录不存在！";
    }
```

测试运行，第一次访问执行删除目录操作，浏览器输出"目录删除成功！"，检查 demo 文件夹，子目录 test 已经被删除。再次访问执行，目录已经不存在，is_dir()返回 false，浏览器输出"目录不存在！"。

【任务实施】

学习了目录相关操作的知识，接下来我们来完成目录及文件操作任务。创建文件 4-11.php，将任务实现分为 4 个步骤，分别是生成保存图片的目录、创建目录、复制图片、输出目录内容，接下来按照步骤编写程序。

（1）生成目录。在当前文件夹创建保存图片的目录 img，img 文件夹下根据日期生成文件夹名字，后续创建目录保存文件，实现代码如下所示：

```php
<?php
//1.生成保存图片的目录 例如./img/20210319/
date_default_timezone_set('Asia/Shanghai');       //设置时区
$date = date('Ymd');                              //设置日期格式及文件夹名字
$dir = './img/'.$date.'/';                         //生成待创建目录字符串
```

（2）创建目录。目录名字生成后，接下来使用 PHP 目录创建函数 mkdir()创建目录，继续添加代码如下：

```php
//2.创建目录
if(!is_dir($dir)){
    mkdir($dir,0777,true);                        //创建根据日期保存图片的目录
}
```

（3）复制图片。目录创建好后，进行图片复制，在复制的图片前，先确定复制后的文件的名字，我们利用 md5()函数随机生成不重复的图片名字，并保存原来图片的扩展名，将图片以新名字存储在创建的目录中，继续添加代码如下：

```php
//3.复制并修改图片名字 保存在指定目录
$img='D:/demo.jpg';                               //待复制的源图片
```

```
$ext = pathinfo($img)['extension'];              //获取源图片扩展名
$newpath = $dir.md5(time()).'.'.$ext;            //生成新图片名字
if(copy($img,$newpath)){                         //执行复制操作
        echo '图片复制成功,文件路径:'.$newpath;
}else{
        echo '图片复制失败';
}
```

图片复制成功，同时输出文件的路径信息。

（4）输出目录内容。最后利用 scandir 读取目录文件，去除"."和".."元素，输出目录中的文件列表，实现代码如下：

```
//4.读取当日目录图片文件列表
if(is_dir($dir)){
    $filearr = scandir($dir);                    //读取目录下所有文件
}
//利用数组函数删去.和..元素
$filearr = array_merge(array_diff($filearr, ['.','..']));   //获取目录下所有图片名称
echo "<br>目录下的文件列表:<pre>";
print_r($filearr);
```

测试运行，可以看到图片复制成功，并输出复制后的新图片路径。检查当前目录，能够看到生成的图片目录以及复制成功的目录，文件每访问一次就会复制一次图片，多次执行复制后，输出效果如图 4-3 所示。

图 4-3　文件复制运行效果

【任务小结】

本任务综合了文件路径、目录操作等知识，完成了目录创建、文件复制和目录读取的常见功能。通过本任务的知识学习和示例演示，读者要掌握 PHP 目录操作的常见函数，能够综合文件和目录操作知识，完成较为复杂的文件操作任务。

任务 3　文件上传

【任务描述】

本任务要求综合文件操作知识，完成图片上传功能，用户通过表单提交一张

文件上传

图片，将图片保存到服务器对应目录，且用户通过链接可以查看上传的图片。

【任务分析】

文件上传是 PHP 文件系统的重要功能之一，要使用文件上传功能，我们首先需要在配置文件 php.ini 中对上传做一些设置，然后通过超全局变量 $_FILES 对上传文件做一些限制和判断，最后使用 move_uploaded_file() 函数实现上传。文件上传涉及的知识点比较综合，在开始任务之前，我们先学习文件上传相关的知识。

【知识链接】

1. 上传文件服务器设置

实现上传文件功能，需要先在 PHP 中开启设置允许上传，同时根据需要修改上传文件相关的配置。在 PHP 的主配置文件 php.ini 中，涉及文件上传相关的配置及配置的功能见表 4-8。

表 4-8　上传文件服务器设置

配置项	功能
file_uploads = on	是否允许上传文件，on 代表开启了文件上传功能，off 表示关闭了文件上传功能
upload_tmp_dir="D:\xampp\tmp"	临时存储上传文件的目录
upload_max_filesize = 2MB	允许上传单个文件的大小
max_file_uploads=20	单次上传文件的最大数量
post_max_size=8MB	表单 post 方式上传文件（总和）大小
max_execution_time=30	PHP 中一个指令所能执行的最大时间（秒），即表单上传的超时的时间设置
memory_limit=128MB	PHP 中一个指令所分配的内存空间，单位是 MB

实现文件上传功能，需要根据上传需求，对相关参数进行合理的设置。例如，在默认设置中 upload_max_filesize = 2MB，那么当上传超过 2MB 的文件时，比如 20MB，则需要修改服务器设置，设置 upload_max_filesize = 20MB，同时修改 post_max_size = 20MB。否则 post 数据会超出限制，$_FILES 将会为空，上传失败。

💡小贴士　php.ini 文件配置完成后，需要重新启动 Apache 服务器，配置才能生效。

2. 上传表单设置

上传文件需要提供上传表单给用户，用户通过表单控件选择文件，单击按钮进行文件上传。相比其他表单，上传表单编写有两个需要注意的地方，首先是表单的提交方式必须为 post，即 form 标签的 method 属性值必须为 post，其次要设置 enctype 属性为 multipart/form-data，这样上传的文件才能够通过表单提交，否则提交服务器失败。

以下代码演示了一个典型的上传表单的写法：

```
<form action="#" method="post" enctype="multipart/form-data">
  选择上传图片:<input type="file" name="file"/><br/>
```

```
        <input type="submit" value="上传" />
    </form>
```

3. 超全局变量$_FILES

超全局变量$_FILES 中，包含着从客户端提交文件的全部信息，这些信息对于上传功能有很大的作用。$_FILES 变量是一个二维数组，每个元素对应一个上传文件的信息，保存的信息见表 4-9。

表 4-9　$_FILES 变量元素内容说明

变量元素	保存的信息
$_FILES[filename][name]	保存上传文件的文件名
$_FILES[filename][size]	保存上传文件的大小
$_FILES[filename][tmp_name]	保存上传文件的临时名称
$_FILES[filename][type]	保存上传文件的类型
$_FILES[filename][error]	保存上传文件结果的编号

其中元素$_FILES[filename][error]存储了代表上传结果的编号，其取值为 0～7，不同编号及其代表的结果见表 4-10。

表 4-10　上传结果编号取值说明

error 编号	说明
0	上传过程中没有发生任何错误
1	上传的文件超过了 upload_max_filesize 选项限制的值
2	超出了表单隐藏域属性的 max_file_size 元素所指定的最大值（需要浏览器兼容）
3	文件只有部分上传
4	没有上传任何文件
5	上传文件大小为 0（已废弃）
6	找不到临时文件夹
7	文件写入失败

接下来编写代码演示$_FILES 变量的使用，创建文件 4-12.php，添加代码如下所示：

```html
<html>
  <head>
      <meta charset="utf-8" />
      <meta name="viewport" content="width=device-width, initial-scale=1">
      <title>上传表单</title>
  </head>
  <body>
      <form action="#" method="post" enctype="multipart/form-data">
          选择上传的图片:<input type="file" name="file"/><br/>
          <input type="submit" value="上传" />
      </form>
  </body>
```

```
</html>
<?php
    if(!empty($_FILES)){
        echo '<pre>';
        print_r($_FILES);
    }
?>
```

测试运行，可以看到上传表单，选择一个大小不超过 2MB 的图片文件，单击"上传"按钮，服务器接收到上传文件请求，处理后输出上传文件信息，显示效果如图 4-4 所示。

图 4-4   超全局变量$_FILES 内容

从运行结果可以看到元素 error 值为 0 代表上传成功，$_FILES['file']变量包含了用户上传文件的文件名、类型、大小和文件临时存储路径等信息。

再次运行测试，当没有选择上传文件时，直接单击"上传"按钮，可以看到 error 值为 4，代表没有上传任何文件。

4. move_uploaded_file()函数

通过上面的代码我们已经可以获取上传文件的信息了，通过这些信息再结合 move_uploaded_file()函数就可以实现文件上传。move_uploaded_file() 函数的主要功能就是将上传的文件移动到新的位置，执行成功时返回 true，否则返回 false，函数的语法格式如下所示：

```
move_uploaded_file(string $filename, string $destination)
```

其中，参数$filename 为上传文件的文件名，参数$destination 为文件要移动保存的位置。$filename 的值是文件上传后的临时名称，而不是文件的原名称，可以通过$_FILES 得到。

【任务实施】

在学习了文件上传相关的知识点后，我们开始编写文件上传功能实现代码，创建文件 upload.php，用于提供上传表单和完成上传文件的保存。

（1）编写上传表单。首先使用 HTML 编写上传表单，代码如下，单击按钮进行表单提交。

```
<!DOCTYPE html>
<html>
  <head>
```

```
              <meta charset="utf-8" />
              <meta name="viewport" content="width=device-width, initial-scale=1">
              <title>上传图片</title>
      </head>
      <body>
              <h2>上传图片</h2>
              <form action="#" method="post" enctype="multipart/form-data">
                      选择上传的图片:<input type="file" name="file"/><br/>
                      <input type="submit" name="button" value="上传" />
              </form>
      </body>
</html>
```

（2）处理文件上传。在本任务中我们将处理文件上传的代码与静态页面的表单写在同一个文件中，通过判断文件的请求方式判断是否单击了"上传"按钮，关于请求方式的知识在PHP 与 Web 交互项目中会详细讲解。

如果用户单击了"上传"按钮则进行一系列判断，处理用户上传的文件，最终将文件保存到服务器 upload 目录中。在 upload.php 表单代码下面添加如下 PHP 代码：

```php
<?php
    //判断是否单击了"上传"按钮
    if($_SERVER['REQUEST_METHOD']=='POST'){
        //1.判断文件上传情况
        //2.检测是否有保存图片的目录 没有则创建
        //3.验证上传图片格式
        //4.保存上传文件
    }
```

用户单击"上传"按钮后的处理，按照处理逻辑分成了 4 个步骤，如上面代码注释所示。接下来分步骤进行说明和实现。

第 1 步　通过$_FILES['file']['error']判断文件上传是否成功，代码如下所示：

```php
//1.判断文件上传情况
if($_FILES['file']['error']!=0){
  echo '文件上传失败,请重试!'; exit;
}
```

第 2 步　创建文件夹./upload 保存上传的图片，代码如下所示：

```php
//2.检测是否有保存图片的目录 没有则创建
$dir="./upload/";
if(!file_exists($dir)){
    mkdir($dir, 0700);   //执行目录创建
}
```

第 3 步　通过$_FILES['file']['name']获得用户上传文件的文件名,再通过 pathinfo()函数得到扩展名，验证图片格式是否正确，代码如下所示：

```php
//3.验证上传图片格式
$img = $_FILES['file']['name'];              //用户上传图片的文件名
$ext = pathinfo($img)['extension'];          //获取上传文件的扩展名
```

```
$allow_type = array('jpg','jpeg','gif','png');          //合法的文件扩展名
if(!in_array($ext, $allow_type)){                       //判断扩展名是否合法
    echo '图片格式错误,请重试';exit;
}
```

第 4 步　生成新的文件名，并通过 move_uploaded_file()函数保存到 upload 文件夹下，代码如下所示：

```
//4.保存上传文件
$path = $dir.md5(time()).'.'.$ext;                      //生成新的文件名
if(move_uploaded_file($_FILES['file']['tmp_name'], $path)){      //保存
    echo '上传成功:'."<a href='$path'>查看上传的图片</a>";
}else{
    echo '上传失败';
}
```

打开浏览器测试运行，选择一张格式正确的图片上传，可以看到图片上传成功，显示效果如图 4-5 所示，单击"查看上传的图片"超链接，可以看到上传到服务器的图片。如上传的图片格式错误则上传失败，并提示错误信息。

图 4-5　上传图片运行效果

【任务小结】

本任务综合上传文件相关知识点，完成了上传图片的功能。通过本任务的学习，读者要熟悉文件上传的实现原理，掌握文件上传表单的设置、服务器的设置以及超全局变量$_FILES 变量的使用，能够根据需求完成不同文件上传的开发任务。

思考与练习

一、单选题

1. 以只读模式打开文件 time.txt 的正确方法是（　　）。
　　A．fopen("time.txt","r+");　　　　　　B．open("time.txt");
　　C．open("time.txt","read");　　　　　　D．fopen("time.txt","r");
2. 以只写模式打开文件 time.txt 的正确方法是（　　）。
　　A．fopen("time.txt","r+");　　　　　　B．open("time.txt");
　　C．open("time.txt",w);　　　　　　　　D．fopen("time.txt","wirte");

3．可以获取文件创建时间的函数是（   ）。

    A．filesize("time.txt");   B．filemtime("time.txt");

    C．filectime("time.txt");   D．filetime("time.txt");

4．上传文件表单 enctype 属性必须为（   ）。

    A．multipart/form-data   B．默认值

    C．multipart   D．form-data

5．以下超全局变量（   ）可以获取客户端提交文件的全部信息。

    A．$\_SESSION   B．$_FILES   C．$GLOBAL   D．$_FILE

二、多选题

1．可以判断文件是否存在的函数有（   ）。

    A．file_exists ("filename")   B．is_file ("filename")

    C．is_dir("filename")   D．isset("filename")

2．针对文件本身进行的操作有（   ）。

    A．copy()   B．rename()   C．unlink()   D．fread()

3．$_FILES[filename][error]存储了代表上传结果的编号，其取值为 0～7，以下描述正确的是（   ）。

    A．0 代表上传成功没有发生任何错误

    B．1 代表上传成功没有发生任何错误

    C．3 代表文件只有部分上传

    D．4 代表没有上传任何文件

三、判断题

1．readdir()和 scandir()函数都可以实现读取目录下文件内容。   （   ）

2．文件关闭函数 fclose()执行后，文件指针输出为 Unknown。   （   ）

3．file_put_contents()函数写入文件内容时，需要先使用 fopen()函数打开文件。   （   ）

四、实操题

1．根据用户账号，在项目根目录下创建以账号为名称的文件夹。

2．编写表单实现上传两个文件，在服务器端获取上传文件信息并输出。

项目 5　操作图像

项目导读

图像操作是 Web 系统开发中常见的任务，如绘制图像验证码、图像加水印、生成缩略图、绘制数据图等等，PHP 通过 GD 库提供了丰富的图像操作函数。本项目通过图像绘制和图像水印两个典型的任务练习，讲解了利用 GD 库进行图像操作的核心函数的语法和使用，最后通过拓展项目（绘制验证码），进一步巩固所学知识。

教学目标

- 掌握 GD 库图像绘制的基本步骤
- 掌握生成画布的常用函数
- 掌握常见的图形绘制函数
- 掌握常用的图像复制和缩放函数
- 能够综合所学知识完成典型图形绘制任务

任务 1　图像绘制

图像绘制

【任务描述】

Web 项目中经常需要进行数据统计，并将数据以图形形式展示出来，如饼图、柱状图等，本任务要求使用 PHP 图像绘制函数，绘制如图 5-1 所示的饼图，并输出到浏览器。

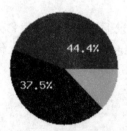

图 5-1　绘制效果图

【任务分析】

PHP 通过 GD 库可以实现图像的绘制，在开始任务之前，我们需要先了解 GD 库提供了哪些函数可以实现图像绘制，并学会图像绘制的基本步骤，接下来先一起学习相关的知识点。

【知识链接】

1. 加载 GD 库

网站开发中经常需要处理图片，如产品缩略图、用户头像等，PHP GD 库提供了丰富的内置函数使得处理图像非常简单。GD 库是 PHP 处理图形的扩展库，提供了一系列用来处理图片的函数，使用 GD 库可以处理图片，或者生成图片，在网站上 GD 库通常用来生成缩略图、图片加水印等操作。GD 库是一个开放的动态创建图像、源代码公开的函数库，支持 GIF、PNG、JPEG、WBMP 等多种图像格式。

GD 库在 PHP 中是默认安装的，使用 GD 库需要在 php.ini 文件中加载扩展模块，在 XAMPP 集成安装环境的 php.ini 配置文件中默认是开启 GD 库的，加载信息为 extension=gd2。

 在使用 PHP 图像处理函数之前，都要加载 GD 支持库，需要确定 php.ini 加载了 GD 库扩展，不同安装环境方法和版本，配置语句稍有不同。

使用 gd_info() 函数可以查看当前安装的 GD 库的信息，示例代码如下：

```php
<?php
  echo '<pre>';
  print_r(gd_info());
```

测试运行输出 GD 库信息如下，包含了 GD 库的版本信息、支持的图像格式等内容。

```
Array
(
    [GD Version] => bundled (2.1.0 compatible)
    [FreeType Support] => 1
    [FreeType Linkage] => with freetype
    [GIF Read Support] => 1
    [GIF Create Support] => 1
    [JPEG Support] => 1
    [PNG Support] => 1
    [WBMP Support] => 1
    [XPM Support] => 1
    [XBM Support] => 1
    [WebP Support] => 1
    [BMP Support] => 1
    [JIS-mapped Japanese Font Support] =>
)
```

2. 图像操作的步骤和相关函数

PHP 创建图像可以分为 3 步：首先是创建画布，然后是绘制图像，最后输出图像。

GD 库内置了多个函数用来创建画布，可以创建空白画布，也可以导入已有图像生成画布，创建画布常用的函数及其功能描述见表 5-1。

表 5-1　创建画布函数

分类	函数	功能描述
创建空白画布	imagecreate(宽,高)	创建一个 256 色画布
	imagecreatetruecolor(宽,高)	创建一个真彩画布
基于已有图像生成画布	imagecreatefromgif(完整路径文件名)	将一张 GIF 格式图像放入画布
	imagecreatefrompng(完整路径文件名)	将一张 PNG 格式图像放入画布
	imagecreatefromjpeg(完整路径文件名)	将一张 JPEG 格式图像放入画布

　　绘制图像常用的函数见表 5-2，包括定义颜色的函数，以及在画布中绘制具体形状的函数，如绘制点、线、矩形、多边形、圆弧、文字等函数。

表 5-2　绘制图像常用函数

函数	功能描述
imagecolorallocate()	定义颜色
imagecolorallocatealpha()	定义带 Alpha 通道（透明）的颜色
imagefill()	填充背景
imagesetpixel()	绘制像素点
imageline()	绘制线条
imagerectangle() imagefilledrectangle()	绘制矩形线框、实心矩形框
imagepolygon() imagefilledpolygon()	绘制多边形线框、实心多边形
imageellipse() imagefilledellipse()	绘制椭圆线框、实心椭圆
imagearc() imagefilledarc()	绘制圆弧、实心圆弧（扇形）
imagettftext()	绘制文本，需引入字库，支持中文字库
imagestring()	水平地绘制一行字符，不支持中文

　　获取图像信息以及输出图像常见的函数见表 5-3，包括获取图像高宽等属性信息，以及以不同格式输出图像的函数。

表 5-3　获取图像信息以及图像输出相关函数

函数	功能描述
getimagesize()	获取图像的宽、高、大小、类型等相关信息 成功返回：数组　失败返回：false
imagesx()	取得图像宽度
imagesy()	取得图像高度
imagegif()	输出 GIF 格式图像
imagejpeg()	输出 JPEG 格式图像
imagepng()	输出 PNG 格式图像
imagedestroy()	释放资源

3. 图像绘制与输出

根据 PHP 绘图的基本步骤，我们选择对应函数，绘制一个带斜线的图像，并保存输出为 JPEG 图片到本地。首先分析图像绘制的基本步骤及其所使用的函数。

（1）创建画布。使用 GD 函数库可以实现各种图形图像的处理。创建画布是创建图像的第一步，无论创建什么样的图像，首先都需要创建一个画布，其他绘制操作都将在这个画布上完成。

在 GD 函数库中创建画布可以通过 imagecreate()函数实现，函数语法为：imagecreate (int \$x_size, int \$y_size)，返回值为代表画布的资源类型的一个引用，创建的画布为一幅大小为 \$x_size 和\$y_size 的基于调色板的画布。该函数创建出来的画布默认是没有颜色的，需要使用颜色分配函数来设置背景颜色，然后进行其他绘制。

常用颜色分配函数有两个，分别是 imagecolorallocate()和 imagecolorallocatealpha()，两者的区别在于是否可以设置透明度。imagecolorallocate()函数语法为：imagecolorallocate (resource \$image, int \$red, int \$green, int \$blue)，返回一个标识符，代表了由给定的 RGB 成分组成的颜色。参数\$red、\$green 和\$blue 分别是所需要的红、绿、蓝成分，是 0 到 255 的整数。颜色分配函数第一次使用时会给基于调色板的画布填充背景色。

接下来编写代码，创建文件 5-1.php，简单演示仅有画布的图像创建，代码如下所示：

```php
//第 1 步 创建画布
$image = imagecreate(300,300);
//分配颜色 给画布背景上色
$color=imagecolorallocate($image,255,0,0);
//第 2 步 绘制图像
//第 3 步 输出图像
imagejpeg($image,"d:/pic.jpg");   //输出图像
//第 4 步 销毁释放资源
imagedestroy($image);
```

示例代码中使用 imagejpeg()函数输出图像为 JPEG 格式并保存到本地，测试运行，在 D 盘生成一个文件名为 pic.jpg 的图像，图像为大小为 300×300 像素的红色方形图，如图 5-2 所示。

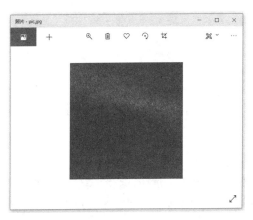

图 5-2　创建基于调色板的画布

创建画布还可以使用 imagecreatetruecolor()函数，其语法为：imagecreatetruecolor (int \$width, int $height)，返回代表画布的标识符，创建大小为$x_size 和$y_size 的画布，与 imagecreate() 函数不同，该函数创建的画布默认黑色，且支持的颜色更多。如果想要修改画布的颜色，需要使用颜色分配函数 imagecolorallocate()和填充函数 imagefill()进行修改。

imagefill()函数实现图像着色，语法为：imagefill (resource $image, int $x, int $y, int $color)，实现在 image 图像的坐标(x, y)处用$color 颜色进行区域填充，图像左上角为(0, 0)，即与(x, y)点颜色相同且相邻的点都会被填充。

修改 5-1.php 代码，使用 imagecreatetruecolor()函数创建空白图像，生成黄色方形图，代码如下：

```php
<?php
//第 1 步 创建真彩画布
$image = imagecreatetruecolor(300,300);
//分配颜色 给画布背景上色
$color=imagecolorallocate($image,255,255,0);
imagefill($image,0,0,$color);
//第 2 步 绘制图像
//第 3 步 输出图像
imagejpeg($image,"d:/pic.jpg");    //输出图像
//第 4 步 销毁释放资源
imagedestroy($image);
```

测试运行，在 D 盘生成一个黄色的 300×300 像素图像文件，覆盖原来的 pic.jpg 文件，如图 5-3 所示。

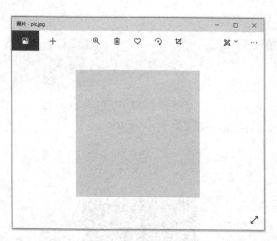

图 5-3　创建真彩色画布

（2）绘制图像。当画布做好以后，可以进行图形的绘制，绘制图形有许多函数，综合不同的绘制函数，可以绘制出多种效果。

先以绘制简单的线条函数 imageline()为例，函数语法为：imageline (resource $image, int $x1, int $y1, int $x2, int $y2, int $color)，函数以$color 设置的颜色在图像中从坐标(x1, y1)到(x2, y2)画一条线段，图像左上角为(0, 0)。

修改 5-1.php 代码，在第 2 步绘制图像部分添加代码，实现在背景画布中绘制一条从左上角到右下角的黑色斜线，代码如下所示：

```php
<?php
//第 1 步 创建画布
$image = imagecreatetruecolor(300,300);
//分配颜色 给背景上色
$color=imagecolorallocate($image,255,255,0);
imagefill($image,0,0,$color);
//第 2 步 绘制图像 线段
$black=imagecolorallocate($image,0,0,0);
imageline($image,0,0,300,300,$black);
//第 3 步 输出图像
imagejpeg($image,"d:/pic.jpg");   //输出图像
//第 4 步 销毁释放资源
imagedestroy($image);
```

测试运行生成新的图片覆盖原来的图片文件，打开图片，最新绘制的图形如图 5-4 所示。

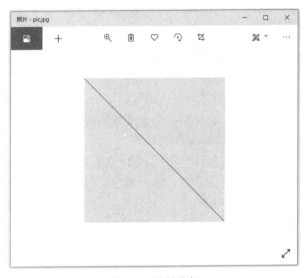

图 5-4　绘制线条

继续修改图形绘制代码，在上图绘制基础上，绘制一个蓝色空心矩形。矩形绘制可以使用函数 imagerectangle()，其函数语法为：imagerectangle (resource $image, int $x1, int $y1, int $x2, int $y2, int $color)，实现用$color 颜色在$image 图像中画一个矩形，矩形左上角坐标为(x1, y1)，右下角坐标为(x2, y2)，图像的左上角坐标为(0, 0)。

修改 5-1.php 代码，在第 2 步绘制图像部分继续添加代码，添加绘制蓝色空心矩形代码，如下所示。

```php
//第 2 步 绘制图像 线段
$black=imagecolorallocate($image,0,0,0);
imageline($image,0,0,300,300,$black);
//绘制空心矩形
$blue=imagecolorallocate($image,0,0,255);
imagerectangle($image,20,20,280,280,$blue);
```

测试运行，最新生成的图形效果如图 5-5 所示。

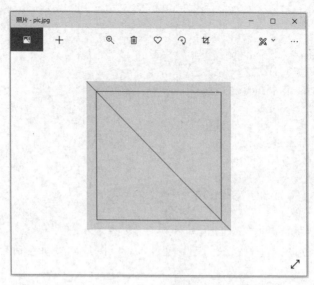

图 5-5　绘制矩形

继续修改图形，增加绘制一个实心椭圆形代码，绘制椭圆可以使用函数 imageellipse()和 imagefilledellipse()，两者分别可以绘制空心和实心椭圆。

使用 imagefilledellipse()画椭圆并填充，该函数语法为：imagefilledellipse (resource $image, int $cx, int $cy, int $width, int $height, int $color)，函数实现在 image 图像的(cx, cy)坐标处绘制 $width 宽$height 高的椭圆，并使用$color 颜色填充。

修改 5-1.php，在第 2 步图像绘制部分继续添加代码，增加绘制实心椭圆的代码，椭圆在图像中心位置，宽 130 像素，高 80 像素，并填充颜色，绘制代码如下所示：

```
//第2步 绘制图像
//绘制线段
$black=imagecolorallocate($image,0,0,0);
imageline($image,0,0,300,300,$black);
//绘制空心矩形
$blue=imagecolorallocate($image,0,0,255);
imagerectangle($image,20,20,280,280,$blue);
//绘制实心椭圆形
$pink=imagecolorallocate($image,255,192,203);
imagefilledellipse($image,150,150,130,80,$pink);
```

测试运行，生成的最新图形如图 5-6 所示。

继续修改图形，在上图绘制结果上继续绘制，添加一个多边形。绘制多边形可以使用 imagepolygon()和 imagefilledpolygon()函数，分别绘制空心和实心的多边形，我们使用 imagepolygon() 绘制一个空心四边形。

多边形绘制函数 imagepolygon()使用语法如下：

```
imagepolygon (resource $image, array $points, int $num_points, int $color)
```

参数$points 是一个 PHP 数组，包含了多边形的各个顶点坐标，$num_points 是顶点的总数，$color 设置多边形的颜色。

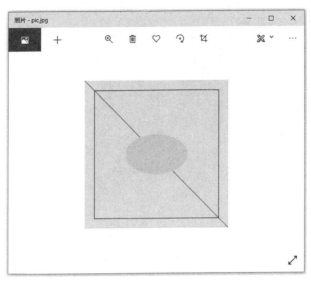

图 5-6　绘制填充椭圆形

修改文件 5-1.php 代码，增加绘制多边形的函数调用，绘制之前先创建数组存储 4 个顶点坐标，然后调用函数进行绘制。修改第 2 步图像绘制代码如下所示：

```
//第 2 步 绘制图像 线段
$black=imagecolorallocate($image,0,0,0);
imageline($image,0,0,300,300,$black);
//绘制空心矩形
$blue=imagecolorallocate($image,0,0,255);
imagerectangle($image,20,20,280,280,$blue);
//绘制实心椭圆形
$pink=imagecolorallocate($image,255,192,203);
imagefilledellipse($image,150,150,130,80,$pink);
//绘制一个四边形
//建立多边形各顶点坐标的数组
  $points = [
                150, 20 ,       // point1 坐标
                20, 280 ,       // point2 坐标
                150, 190,       // point3 坐标
                280, 280        // point4 坐标
             ];
$red=imagecolorallocate($image,255,0,0);
imagepolygon ( $image ,$points, 4, $red );
```

测试运行，最新生成的图像效果如图 5-7 所示，可以看到新增的四边形。

（3）图像输出。在绘制图像的示例代码中，使用 imagejpeg()函数生成图片保存到本地，imagejpeg()可以将图像输出到浏览器或生成本地文件，语法为 imagejpeg (resource $image, string $filename , int $quality)，生成的图像格式为 JPEG。参数$image 指定待生成的图像资源，$filename 设置文件保存的路径，是可选参数，未设置或者为 NULL 时会直接输出原始图像流数据，$quality 也是可选参数，用于设置生成图像的质量。

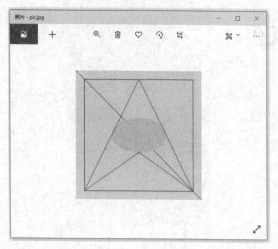

图 5-7　绘制多边形

与 imagejpeg()功能类似的图像输出函数还有 imagegif()、imagepng()，不同之处在于 imagegif()、imagepng()输出的图片格式分别为 GIF 和 PNG 格式，且这两个函数没有第 3 个可选参数，不能设置图像输出质量。

在 5-1.php 中，使用 imagejpeg($image,"d:/pic.jpg");语句，将图像数据生成图片保存到本地，也可以修改程序将图片输出到浏览器。输出图片到浏览器需要结合 header()函数，通过设置 HTTP 响应头 content-type，告知浏览器响应数据的类型格式，使浏览器能够正常解析响应数据，从而显示图片。

修改 5-1.php 输出图像部分代码，结合 header()函数，实现通过浏览器输出生成的图片，修改第 3 步代码如下：

```
//第 3 步 输出图像
header('content-type:image/jpeg');
imagejpeg($image);
```

测试运行，浏览器中输出绘制的图片，显示效果如图 5-8 所示。

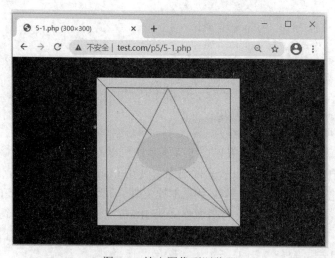

图 5-8　输出图像到浏览器

同样，如果想要通过浏览器输出其他格式的图片，结合对应图像格式输出函数，header() 函数只须对应设置参数即可，如输出 GIF 格式图像，需要设置 header ('Content-type:image/gif')，输出 PNG 格式图像，需要设置 header ('Content-type:image/png')。

💡 小贴士　在使用浏览器输出图像时，图像输出前不要有其他输出语句，否则图像输出就会出错。

（4）销毁释放资源。在图像的所有资源使用完毕后，通常需要释放图像处理所占用的内存，虽然该操作不是必须的，但是及时释放资源是一个良好的编程习惯。GD 库提供了 imagedestroy() 函数来释放图像资源，语法格式为：imagedestroy (resource $image)，其中，$image 为要释放的图像资源。

4. 为图片添加文字

文字渲染也是绘图的基本组成部分，GD 库 imagettftext() 函数支持中文字符的绘制，函数语法如下：

imagettftext (resource $image, float $size, float $angle, int $x, int $y, int $color, string $fontfile, string $text)

该函数有 8 个必选参数，参数 $image 指定待绘制的图像，$size 设置字体的尺寸，根据 GD 库的版本，单位为像素或磅。参数 $angle 设置文本显示角度，0 度为从左向右读的文本，更高数值表示逆时针旋转，例如 90 度表示从下向上读的文本。$x 和 $y 所表示的坐标定义了第一个字符的基本点，设定了字体基线的位置。$color 指定文本绘制颜色，$fontfile 设置所要使用的字体文件的路径。$text 是将要绘制的文字（UTF-8 编码的文本字符串），如果字符串中使用的某个字符不被字体支持，会显示一个空心矩形替换该字符。

接下来我们通过示例演示给图片添加文字操作，创建文件 5-2.php，为在 5-1.php 示例中生成的 pic.jpg 增加文本绘制效果，添加代码如下所示：

```php
<?php
//第 1 步  基于已有图片创建画布
$image = imagecreatefromjpeg('D:\pic.jpg');
//第 2 步  绘制文字
$color=imagecolorallocate($image,255,0,0); //定义文字颜色
$font="c:/windows/fonts/simkai.ttf";    //定义文字字体
$str = 'hello';   //定义文字内容
//将文字绘制到图片画布上指定位置
imagettftext($image,10,45,150,150,$color,$font,$str);
$str ='你好!!!!';   //定义文字内容
//将文字绘制到图片画布上指定位置
imagettftext($image,14,0,110,170,$color,$font,$str);
//第 3 步  输出图像
header('content-type:image/jpeg');
imagejpeg($image);
//第 4 步  销毁释放资源
imagedestroy($image);
```

在示例中创建画布使用函数 imagecreatefromjpeg()，将已打开的图片作为画布，绘制文字过程中首先设置好所需的颜色、字体、文字等参数，然后调用 imagettftext() 函数绘制文字，最后通过浏览器输出生成的图像。测试运行，显示效果如图 5-9 所示。

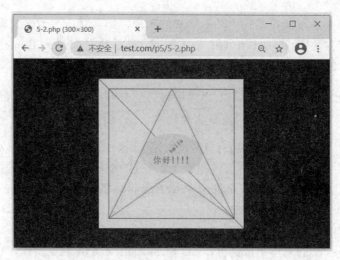

图 5-9　绘制文字

【任务实施】

分析绘制图形效果，可以看出饼图由 3 部分填充颜色的圆弧构成，圆弧绘制可以使用 GD 库提供的函数 imagefilledarc()，数字与文字绘制可以使用 imagestring()函数。

接下来阅读函数手册，了解函数的调用语法。

imagefilledarc()函数语法为：imagefilledarc (resource $image, int $cx, int $cy, int $width, int $height, int $start, int $end, int $color, int $style)，实现在指定的$image 上画一椭圆弧且填充。函数有 9 个参数，参数$image 指定绘制的图像。$cx 和$cy 设置椭圆弧中间的坐标。$width 设置椭圆弧的宽度，$height 设置椭圆弧的高度，宽高相等时为圆弧。$start 设置起点角度，$end 设置终点角度，0 度位置在三点钟位置，顺时针到结束为 360 度，这两个参数决定了扇形大小。$color 设置填充圆弧的颜色。最后一个参数$style 设置圆弧绘制的效果，有 4 个可选值，值为 IMG_ARC_PIE 表示绘制圆形的边界。

imagestring()函数可以实现在图像中水平地画一行字符串，函数语法为：imagestring (resource $image, int $font, int $x, int $y, string $s, int $color)，用$color 颜色将字符串$s 画到 $image 所代表的图像的(x, y)坐标处，$font 可以取值 1～5，表示使用内置字体。

了解了函数的使用方法，接下来创建文件 5-3.php，按照图像绘制基本步骤编写代码绘制图形，实现代码如下所示：

```php
<?php
    //创建画布
    $image = imagecreatetruecolor(300, 300);
    //定义图像中所需的颜色
    $white = imagecolorallocate($image, 255, 255, 255);
    $gray = imagecolorallocate($image, 190, 190, 190);
    $blue = imagecolorallocate($image,0, 0, 255);
    $red = imagecolorallocate($image, 255, 0, 0);
    //填充背景色为白色
    imagefill($image, 0, 0, $white);
```

```
//绘制三段圆弧并填充颜色
imagefilledarc($image, 150, 150, 150, 150, 0, 45, $gray, IMG_ARC_PIE);
imagefilledarc($image, 150, 150, 150, 150, 45, 200,$blue, IMG_ARC_PIE);
imagefilledarc($image, 150, 150, 150, 150, 200, 360, $red, IMG_ARC_PIE);
//水平绘制百分比字符
imagestring($image, 5, 90, 165, '37.5%', $white);
imagestring($image, 5, 155, 115, '44.4%', $white);
//向浏览器输出 PNG 格式图片
header('Content-type:image/png');
imagepng($image);
//销毁资源
imagedestroy($image);
```

打开浏览器测试运行，输出图像效果如图 5-10 所示。

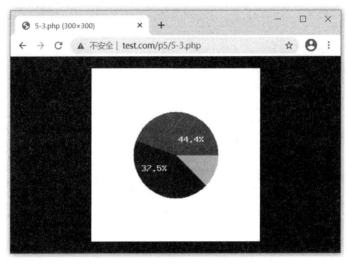

图 5-10　浏览器输出效果

【任务小结】

本任务通过一个常见饼图的绘制，学习了 PHP GD 库函数的使用，练习了绘制图像函数的基本使用，包括图像创建、颜色分配、图形绘制、文字绘制、图像输出等功能实现。通过本任务的学习，读者能够掌握 PHP 绘制图像的基本操作，并能查阅编程手册，实现特定需求的图像绘制。

任务 2　图像水印

【任务描述】

任务要求实现为图片添加水印功能，编写函数，给定目标图片路径和水印图片路径，将水印图片添加在目标图片右下角，将生成的带水印图片输出到浏览器。

图像水印

【任务分析】

图像添加水印功能即实现将一个图像复制到另一个图像指定位置，并为水印图像设置透明度，因此需要先了解有哪些函数能提供相应复制功能，在开始任务之前我们先学习相关的知识点。

【知识链接】

1. 相关函数

常见的图像操作处理除了绘制基本图形，还有生成图像缩略图、为图片添加水印等常见处理，针对这些图像处理需求，GD 库提供了相关函数，见表 5-4，可以实现图像的复制与缩放。

表 5-4 图像复制相关函数

函数名	描述
imagecopy()	复制图像的一部分
imagecopymerge()	复制并合并图像的一部分
imagecopyresampled()	重采样复制部分图像并调整大小
imagecopyresized()	复制部分图像并调整大小

2. 图像复制

函数 imagecopy()和 imagecopymerge()都可以实现将一幅图片复制到另一幅图片，并生成新的图像。两个函数的使用语法也相似，不同之处在于 imagecopymerge()函数多一个参数，可以设置复制图像的透明度，因此特别适合实现添加图像水印功能。接下来分别讲解这两个函数的使用。

（1）imagecopy()函数。imagecopy()可以对原图裁剪，但不做压缩或填充，用于复制图像或图像的一部分，函数语法如下：

```
imagecopy (resource $dst_im, resource $src_im, int $dst_x, int $dst_y, int $src_x, int $src_y, int $src_w, int $src_h)
```

函数实现将$src_im 图像中坐标从($src_x, $src_y)开始，宽度为$src_w，高度为$src_h 的一部分图像复制到$dst_im 图像中坐标为($dst_x, $dst_y)的位置上。

创建文件 5-5.php，演示 imagecopy()函数的图像复制功能的使用，创建空白画布，利用 imagecopy()函数将已有的图片 logo.jpg 全部和部分复制，实现代码如下：

```php
<?php
//第 1 步 创建一个黄色背景画布
$image = imagecreatetruecolor(800, 900);
$yellow = imagecolorallocate($image, 255, 255, 0);
imagefill($image, 0, 0, $yellow);
//第 2 步 图像复制
 //源图像
 $src_img = imagecreatefromjpeg('./pic/logo.jpg');
 //获得源图像的宽和高
 $src_w = imagesx($src_img);              //宽度为 500 像素
```

```
    $src_h = imagesy($src_img);           //高度为 313 像素
    //将源图像复制到画布中
    imagecopy($image, $src_img, 0,0, 0,0, $src_w, $src_h);                   //全部复制
    imagecopy($image, $src_img, 100,350,100,100, $src_w, $src_h);           //部分复制
    imagecopy($image, $src_img, 200,680,100,100, $src_w/2, $src_h/2);      //部分复制
//第 3 步  输出图像
header("content-Type:image/jpeg");
imagejpeg($image);
//第 4 步  销毁图像
imagedestroy($image);
```

在图像复制时通过 3 次 imagecopy()函数调用，演示了不同复制参数设置产生的不同效果。第 1 次调用实现源图像相等大小尺寸的全部复制；第 2 次调用选择了复制部分图像，但是复制区域大小未变，多余的部分用黑色显示；第 3 次函数调用复制部分图像，同时调整复制区域大小，没有多余部分。

测试运行，浏览器输出复制处理后的图像，效果如图 5-11 所示。

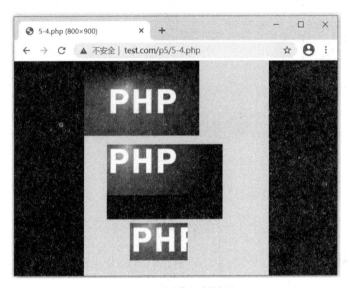

图 5-11　图像复制效果

（2）imagecopymerge ()函数。imagecopymerge()函数也可以实现图像的复制，与 imagecopy()语法类似，但是最后多了一个设置透明度的参数，语法如下：

```
imagecopymerge (resource $dst_im, resource $src_im, int $dst_x, int $dst_y, int $src_x, int $src_y, int $src_w,
int $src_h, int $pct)
```

最后一个参数$pct 设定复制图像与原图的合并程度，范围从 0 到 100，值为 0 时等于没有复制，值为 100 时与imagecopy()完全一样，对真彩图像复制相当于实现了 Alpha 透明。

修改 5-4.php 文件，将图像复制函数替换为 imagecopymerge()，并设置不同的合并程度值，修改的部分代码如下：

```
//第 2 步  图像复制
    //源图像
    $src_img = imagecreatefromjpeg('./pic/logo.jpg');
```

```
//获得源图像的宽和高
$src_w = imagesx($src_img);          //宽度为 500 像素
$src_h = imagesy($src_img);          //高度为 313 像素
//将源图像复制到画布中
imagecopymerge($image, $src_img, 0,0, 0,0, $src_w, $src_h,70);        //全部复制
imagecopymerge($image, $src_img, 100,350,100,100, $src_w, $src_h,50);        //部分复制
imagecopymerge($image, $src_img, 200,680,100,100, $src_w/2, $src_h/2,20);        //部分复制
```

3 次复制分别设置透明度合并值为 70、50、20，测试运行浏览器输出图像，复制合并效果如图 5-12 所示，对比使用 imagecopy()函数的复制结果，可以看出有了透明的效果，且合并值越小，复制图像越透明。

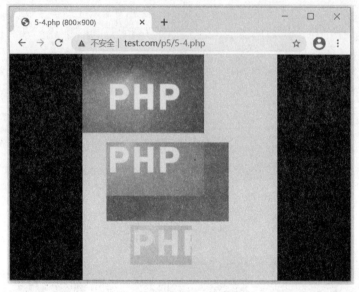

图 5-12　设置透明度的图像复制

3. 图像缩放

图像进行缩放前一般需要获取图像的宽高属性，GD 库提供了 getimagesize()、imagesx()、imagesy()等函数，可以不同方式获取图像的属性信息。其中 imagesx()和 imagesy()分别直接返回图像的宽度和高度数据；getimagesize()函数返回一个数组，既包含图像的宽高信息，还包括图像的类型信息。如执行 print_r(getimagesize('./pic/logo.jpg'));语句将输出如下包含图像信息的数组：

```
Array
(
    [0] => 500
    [1] => 313
    [2] => 2
    [3] => width="500" height="313"
    [bits] => 8
    [channels] => 3
    [mime] => image/jpeg
)
```

输出信息中前 3 个元素分别代表图像的宽度、高度和类型，其中图像类型用数字表示，1 表示 GIF 格式，2 表示 JPEG 格式，3 表示 PNG 格式。

可以对图像进行缩放拉伸处理的函数有 imagecopyresized() 和 imagecopyresampled()，二者的基本图像处理效果相同，不同之处在于使用的处理算法不同。imagecopyresampled() 函数是 GD 2.x 后新增加的函数，采用新的图像处理算法，生成更平滑的图像，但是速度比 imagecopyresize() 函数要慢一些。

接下来通过示例演示图片的缩放，创建文件 5-5.php，利用 imagecopyresized() 函数实现图像的缩放，实现代码如下所示：

```php
<?php
//源图像
$src_img = imagecreatefromjpeg('./pic/logo.jpg');
//获取源图像的宽高
$src_w = imagesx($src_img);   //宽度为 500 像素
$src_h = imagesy($src_img);   //高度为 313 像素
//按缩放比例设置目标图像的宽高
$new_w = $src_w*0.1;
$new_h = $src_h*0.1;
//创建目标图像
$des_img = imagecreatetruecolor($new_w, $new_h);
$yellow = imagecolorallocate($des_img, 255, 255, 0);
imagefill($des_img, 0, 0, $yellow);
//将源图像按比例复制到目标图像中
imagecopyresized( $des_img, $src_img, 0, 0, 0, 0, $new_w , $new_h, $src_w, $src_h);
//输出图像到本地
imagejpeg($des_img,'D:\newlogo.jpg');
//释放资源
imagedestroy($des_img);
```

首先读取 logo.jpg 图像，通过函数 imagesx() 和 imagesy() 获取图像的宽高信息，依据源图像的高宽乘以缩放比例，生成目标图像的宽高数据。结合 imagecopyresized() 函数将源图像等比例缩小为原图的十分之一，保存输出为新文件 newlogo.jpg。

测试运行，将在 D:盘根目录下生成缩放后的文件 newlogo.jpg，对比原图和缩放后的图像文件，可以看出实现了图像的缩放效果，对比显示如图 5-13 所示。

图 5-13　图像缩放效果

如果调整缩放比例大于 1，则会实现图片放大的效果，读者可以自行验证。

【任务实施】

在学习了图像复制和缩放相关函数后，我们编写代码实现给图片添加水印功能，PHP 支持给多种类型图片添加水印。

首先创建文件 5-6.php，编写一个自定义函数 createimgbytype()，能够根据传递的参数，获取图片类型信息，并根据图片类型调用相应类型的创建函数，生成图片画布，自定义函数代码如下所示：

```php
//自定义函数 根据图片类型创建画布
function createimgbytype($img_path){
    $type= getimagesize($img_path)[2];          //获取图片类型
    switch($type){                              //根据图片类型生成画布
        case 1 : $img = imagecreatefromgif($img_path);
                break;
        case 2 : $img = imagecreatefromjpeg($img_path);
                break;
        case 3 : $img = imagecreatefrompng($img_path);
                break;
        default: return null;
        }
    return $img;
}
```

继续添加代码，创建自定义函数 addmarker()，接收两个参数，分别是目标图片路径和水印图片路径，实现将水印图片（半透明）复制到目标图片的右下角，具体代码如下所示：

```php
function addmarker($dst_path,$src_path){
//调用自定义函数 根据图片类型创建画布
$dst = createimgbytype($dst_path);
$src = createimgbytype($src_path);
//获取水印图像的宽高
list($src_w, $src_h) = getimagesize($src_path);
//获取源图像的宽高
list($dst_w, $dst_h) = getimagesize($dst_path);
//计算水印图像在目标图像的坐标位置
$xPos = $dst_w-$src_w-10;
$yPos = $dst_h-$src_h-10;
//将水印图像叠加到目标图像
imagecopymerge($dst, $src, $xPos,$yPos, 0, 0, $src_w, $src_h, 30);
//获取目标图像类型 根据类型判断输出
$dst_type = getimagesize($dst_path)[2];
switch ($dst_type) {
    case 1: //GIF 类型
            header('Content-Type: image/gif');
            imagegif($dst);
            break;
```

```
    case 2: //JPEG 类型
        header('Content-Type: image/jpeg');
        imagejpeg($dst);
        break;
    case 3: //PNG 类型
        header('Content-Type: image/png');
        imagepng($dst);
        break;
    default:
        break;
    }
    //销毁释放资源
    imagedestroy($dst);
    imagedestroy($src);
}
```

最后编写代码调用函数，测试水印添加效果，函数调用代码如下所示：

```
//调用添加水印函数
$dst_path = './pic/sight.jpg';        //待添加水印的图像
$src_path = './pic/logo.jpg';         //水印图像
addmarker($dst_path,$src_path);
```

打开浏览器输入网址测试，运行效果如图 5-14 所示，在大图的右下角可以看到添加的半透明水印图像。

图 5-14 图像水印效果

修改调用函数参数，目标图片类型为 JPEG，水印图片类型为 PNG，修改代码如下：

```
//调用添加水印函数
$dst_path = './pic/pic.jpg';
$src_path = './pic/logo.png';
addmarker($dst_path,$src_path);
```

测试运行，函数能够给不同类型的图片添加水印，显示效果如图 5-15 所示。

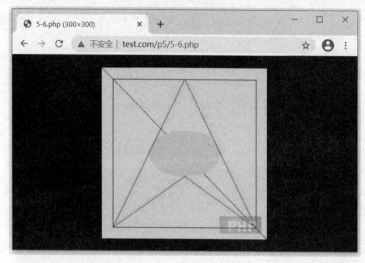

图 5-15　图像水印效果

【任务小结】

通过添加水印任务的实现，练习了图片信息获取、图片复制、画布创建、图像输出等 GD 库常用函数的使用。通过本任务的知识学习和综合练习，读者能够掌握 GD 库函数中进行图片复制、缩放的相关函数的使用，能够读懂和编写典型的图片处理应用代码。

项目拓展　绘制验证码

绘制验证码

【项目分析】

验证码即 CAPTCHA，是 Completely Automated Public Turing test to tell Computers and Humans Apart（全自动区分计算机和人类的图灵测试）的缩写，验证码的最大意义是区分在页面上进行输入操作的是人还是机械化的代码程序。常见的验证码有数字、字母、加减法、闪烁变形字母、干扰线变形字母等图形验证码。

使用验证码能够防止系统被大量恶意访问，提升系统的安全性。本项目结合 GD 库的图像绘制函数，实现一个带干扰线变形字母数字的验证码图片绘制，并在一个登录表单中调用显示。

【项目实施】

创建一个 captchaCode.php 文件，用于创建一个 4 位的字符数字符号验证码图像，并将生成的验证码保存到 Session 中供后续使用。

首先创建画布，规划画布大小为 130×45 像素，背景颜色随机生成，输出画布图像到浏览器查看效果，实现代码如下所示：

```
//第 1 步  创建画布
$width = 130;
```

```
$height = 45;
$image = imagecreate($width, $height);
imagecolorallocate($image, rand(50, 200), rand(0, 155), rand(0, 155));
//第 2 步  生成并绘制验证码
//第 3 步  输出图像
header('Content-type: image/png');
imagepng($image);
//第 4 步  销毁释放资源
imagedestroy($image);
```

测试运行，浏览器输出图像如图 5-16 所示，因为还没有编写生成和绘制验证码的代码，此时只能看到一个空白的画布，画布背景颜色随机变换。

图 5-16 验证码图像画布

在"第 2 步 生成并绘制验证码"实现中，添加验证码生成代码，基本实现思路为基于组成验证码的 58 个基本字符，进行随机选取，并进行绘制。

绘制每个字符时对绘制位置、颜色、倾斜角度进行适度范围的随机设置，所使用的函数主要涉及随机函数和绘制文字函数，具体实现代码如下所示：

```
//2. 生成并绘制验证码
//2.1 设置验证码文字字体
$fontstyle = 'c:\windows\Fonts\simhei.ttf';
//2.2 设置可能出现在验证码中的字符
$charset = '23456789abcdefghijkmnopqrstuvwxyzABCDEFGHIJKLMNPQRSTUVWXYZ';
//2.3 存储生成的随机验证码字符的变量
$captchaCode = '';
//2.4 随机生成 4 个字符并绘制字符
for ($i = 0; $i < 4; $i++) {
    $rand = mt_rand(0, 57);
    $randomChar = $charset[$rand];
    $captchaCode .= $randomChar;
    $fontColor = imagecolorallocate($image, rand(50, 200), rand(155, 255), rand(155, 255));
    imagettftext($image, 30, rand(0, 20) - rand(0, 25), 5 + $i * 30, rand(30, 35), $fontColor, $fontstyle,
$randomChar);
}
```

添加了验证码生成和绘制代码后，测试运行，浏览器输出效果如图 5-17 所示，可以看到增加的 4 字符验证码，且每次刷新请求都会生成新的验证码图片。

图 5-17　生成验证码

通常为了增加验证码的安全性还需要进行图像处理，如添加干扰点、干扰线等，接下来绘制若干干扰线和干扰点。绘制的基本思路是通过 GD 库提供的绘制线的函数 imageline() 和绘制像素点的函数 imagesetpixel()，循环调用绘制增加干扰效果。具体添加代码如下所示：

```
//2.5 绘制干扰线
for ($i = 0; $i < 10; $i++) {
    $lineColor = imagecolorallocate($image, rand(0, 255), rand(0, 255), rand(0, 255));
    imageline($image, rand(0, $width), 0, rand(0, $width), $height, $lineColor);
}
//2.6 绘制干扰点
for ($i = 0; $i < 250; $i++) {
    imagesetpixel($image, rand(0, $width), rand(0, $height), $fontColor);
}
```

此时验证码图像基本完成绘制，在输出之前，我们将正确的验证码存储于 Session 中，待后续与用户输入的验证码值进行比对，达到验证信息的目的，实现代码如下：

```
//2.7 将生成的验证码存储于 Session 中
session_start();
$_SESSION['captchaCode'] = $captchaCode;
```

测试运行，浏览器输出效果如图 5-18 所示，完成了一个典型的字符验证码图片的绘制输出。

图 5-18　添加干扰效果

接下来编写网页显示验证码代码，通常是在表单中需要进行验证码的验证。

编写文件 login.php，添加一个登录表单，表单需要用户输入用户名、密码和验证码，验证码图片通过<img>标签的 src 属性导入，具体实现代码如下所示：

```
<!DOCTYPE html>
<html>
  <head>
        <meta charset="utf-8">
        <title>登录页面</title>
        <style>
                [type=text],[type=password]{width:200px;height:32px;margin: 5px;}
                [name=captchaCode]{width: 100px;}
                img{vertical-align:middle;}
        </style>
  </head>
  <body>
        <h2>会员登录</h2>
        <form action="#" method="post">
                <span>用户名:</span>
                        <input type="text" name="username"> <br />
                <span>密   码:</span>
                        <input type="password" name="password"> <br />
                <span>验证码:</span>
                        <input type="text" name="captchaCode">
                        <img src = './captchaCode.php' />
                        <a href="./login.php">看不清换一张</a>
                        <br />
                <input type="submit" value="提交">
        </form>
  </body>
</html>
```

打开浏览器测试运行，显示效果如图 5-19 所示，单击"看不清换一张"超链接可重新发起请求，生成新的验证码图像，实现"换一张"的效果。

图 5-19　表单中显示验证码

思考与练习

一、单选题

1. 以下可以查看 GD 库安装信息的函数是（　　）。

    A．gd_info()　　　　　B．gb_ini()　　　　　C．php.ini　　　　　　　D．httpd.conf

2. 在 PHP 中，要引用文件 captcha.php 的正确方法是（　　）。

    A．<?php require("captcha.php"); ?>

    B．<!--includefile=" captcha.php "-->

    C．<?php include_file("captcha.php "); ?>

    D．<%include file=" captcha.php " %>

3. 可以实现绘制实心多边形的函数是（　　）。

    A．imagefilledrectangle()　　　　　　　B．imagefilledpolygon()

    C．imagepolygon()　　　　　　　　　　　D．imagefilledellipse()

二、多选题

1. 可以获取图片高度、宽度的函数有（　　）。

    A．getimagesize()　　　　　　　　　　　B．imagesx()

    C．imagesy()　　　　　　　　　　　　　　D．imagepng()

2. GD 库函数支持的图像格式包括（　　）。

    A．GIF　　　　　　　B．JPEG　　　　　　C．PNG　　　　　　　　D．WBMP

3. 可以实现图片复制缩放的函数有（　　）。

    A．imagecopy()　　　　　　　　　　　　　B．imagecopymerge()

    C．imagecopyresampled()　　　　　　　　D．imagecopyresized()

三、判断题

1. imagefilledarc()函数可以绘制填充的圆弧。　　　　　　　　　　　　　　　（　　）

2. imagestring()函数可以在图像上绘制中文字符。　　　　　　　　　　　　　（　　）

3. imagecopyresized()函数可以处理图像实现缩放效果。　　　　　　　　　　（　　）

四、实操题

1. 编写代码实现生成带中文字符的验证码图片，在表单中调用显示。

2. 绘制一个背景为红色带填充的红色五角星图像，并在浏览器中输出。

项目 6　实现 Web 交互

项目导读

HTTP 是客户端与服务器端交互的通信规则，PHP 基于 HTTP 实现 Web 交互，提供了超全局变量\$_POST、\$_GET 获取客户端通过 POST、GET 请求提交的数据。HTTP 是无状态的，PHP 提供了会话技术 Cookie 和 Session，使用会话技术可以实现诸如记录用户上次访问时间、用户登录权限验证、退出等常用功能。本项目通过 3 个任务分别讲解了 HTTP 报文结构、请求数据获取，以及会话管理实现，通过本项目的学习，读者能够掌握 PHP 与 Web 交互的原理和实现。

教学目标

- 了解 HTTP 原理
- 熟悉 HTTP 请求报文格式
- 熟悉 HTTP 响应报文格式
- 掌握请求数据的获取
- 掌握 Cookie 的原理和应用
- 掌握 Session 的原理和应用

任务 1　分析请求响应报文

【任务描述】

客户端浏览器与 Web 服务器之间的信息交互遵守 HTTP，通过 Chrome 浏览器自带的开发者工具，可以查看每次访问的请求和响应报文信息。本任务要求编写一个新闻添加页面，通过浏览器访问，截取报文信息，分析 HTTP 报文信息。

分析请求响应报文

【任务分析】

任务的完成需要先了解 HTTP，认识请求报文、响应报文的基本格式，接下来我们先学习相关的 HTTP 知识点。

【知识链接】

1. 认识 HTTP

超文本传输协议（Hyper Text Transfer Protocol，HTTP）是一种约定规则，详细规定了浏览器和万维网（World Wide Web，WWW）服务器之间互相通信的格式，包括请求和响应报文的格式。

HTTP 请求协议是指浏览器向服务器发起请求时需要遵循的协议，HTTP 响应协议是指服务器向浏览器发起响应时需要遵守的协议。HTTP 作用原理如图 6-1 所示。

请求报文
响应报文

客户端浏览器　　　　　　　　　　　　　服务器

图 6-1　HTTP 作用原理

　　HTTP 使浏览器更加高效，使网络传输数据减少，保证计算机正确快速地传输超文本文档。HTTP 规定了传输报文具体规则，传输文档中的哪一部分，以及哪部分内容首先显示（如文本先于图形）等。

　　HTTP 特点如下：

- 客户/服务器模式：浏览器/服务端（B/S）模式。
- 简单快速：客户向服务器请求服务时，只需传送请求方法和路径。由于 HTTP 简单，使得 HTTP 服务器的程序规模小，因而通信速度很快。
- 灵活：HTTP 允许传输任意类型的数据对象（MIME 类型）。
- 无连接：无连接的含义是限制每次连接只处理一个请求。服务器处理完客户的请求，并收到客户的应答后，立即断开连接，采用这种方式可以节省传输时间，即不会长时间保留连接状态。
- 无状态：HTTP 是无状态协议。无状态是指协议对事务处理没有记忆能力。缺少状态意味着如果后续处理需要前面的信息，则它必须重传，这样可能导致每次连接传送的数据量增大。

2. HTTP 请求

HTTP 请求协议规定了浏览器向服务器发送的报文格式，请求报文的格式如图 6-2 所示。

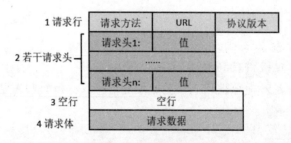

1 请求行	请求方法	URL	协议版本
2 若干请求头	请求头1:	值	
	......		
	请求头n:	值	
3 空行	空行		
4 请求体	请求数据		

图 6-2　请求报文格式

　　HTTP 请求报文格式可以分为 4 个部分，分别是请求行、若干请求头、一个空行和请求体，其中请求体可以没有。

　　（1）请求行。请求行包含 3 部分，分别是请求方法、请求地址（URL）和协议版本，当前协议版本是 HTTP/1.1。

1）请求方法。HTTP 协议支持多种请求方法，表 6-1 介绍了几种常见的请求方法。

表 6-1 HTTP 请求方法

请求方法	说明
GET	向指定的资源发出"显示"请求
POST	向指定资源提交数据，请求服务器进行处理（例如提交表单或者上传文件）
PUT	从客户端向服务器传送的数据取代指定的文档的内容
DELETE	请求服务器删除指定内容
HEAD	类似 GET 请求，但是返回响应中只有报文头，没有具体内容

最常见的请求方法是 GET 和 POST，GET 一般用于获取/查询资源信息，而 POST 一般用于更新资源信息。

GET 请求是最常见的一种请求方法，客户端要从服务器中读取文档时，单击网页上的链接或者通过在浏览器的地址栏中输入网址来浏览网页，使用的都是 GET 方法。

POST 请求是表单数据提交常用的请求方法，允许客户端给服务器提供较多信息，并将请求参数封装在 HTTP 请求数据部分，以名称:值的形式出现。

2）请求地址。请求地址（Uniform Resource Locator，URL）又叫做统一资源定位符，通常由以下几个部分构成：协议、域名、端口、路径和 URL 地址参数。完整的 URL 示例如下所示：

http://www.test.com:80/news/index.html?id=100&page=1

其中 http 是协议，www.test.com 是服务器域名，80 是服务器上网络端口号，默认端口号 80 可以省略不写，/news/index.html 是资源路径，?id=100&page=1 是查询参数。查询参数格式为以"?"字符为起点，每个参数以"&"隔开，再以"="分开参数名称与数据。

（2）请求头。HTTP 规定了非常多的请求头，实际请求协议报文中请求头数量不固定，浏览器会根据请求响应情况，形成所需要的请求头，表 6-2 列出了若干常见的请求头及其作用说明。

表 6-2 HTTP 请求头及其作用说明

请求头名称	作用说明
Host	初始 URL 中的主机和端口
Accept	能够接收服务器返回的类型（MIME 类型）
Accept-Charset	浏览器可接受的字符集
Accept-Encoding	浏览器支持的解码的数据编码方式，如 gzip
Accept-Language	当前请求客户端能够支持的语言
User-Agent	客户端浏览器、操作系统等信息
Content-Length	表示请求消息正文的长度
Cookie	客户端携带的 Cookie 信息
If-Modified-Since	将上次服务器返回的文件最后修改时间携带给服务器端
Referer	包含一个 URL，用户从该 URL 代表的页面出发，访问当前请求的页面

（3）请求体。GET 请求所有的数据都是跟在 URL 之后，会在请求行中的资源路径上体现。POST 请求会有请求体，请求体内容就是 POST 请求提交的表单数据。POST 请求体数据基本格式为：key1=value1&key2=value2…。

3. HTTP 响应

HTTP 响应协议规定了服务器向浏览器发送的报文格式，响应报文的格式如图 6-3 所示。

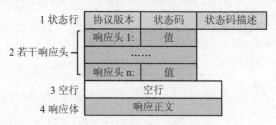

图 6-3 响应报文格式

响应报文主要包括 4 部分：状态行、若干响应头、一个空行和响应体。其中响应体就是网页静态代码，通过浏览器渲染，最终形成用户在浏览器中看到的效果。

（1）状态行。状态行包括 3 部分信息：协议版本、状态码和状态码描述。其中协议版本为 HTTP/1.1，状态码有多种，分类见表 6-3。

表 6-3 状态码分类

状态码	所属类别	状态说明
1××	Informational（信息性状态码）	接收的请求正在处理
2××	Success（成功状态码）	请求正常处理完毕
3××	Redirection（重定向）	需要进行附加操作以完成请求
4××	Client Error（客户端错误）	客户端请求出错，服务器无法处理请求
5××	Server Error（服务器错误）	服务器处理请求出错

常见的状态码见表 6-4。

表 6-4 常见状态码

状态码	英文	描述信息
200	OK	代表请求成功。一般用于 GET 与 POST 请求
301	Moved Permanently	永久移动。请求的资源已被永久地移动到新 URI，返回信息会包括新的 URI，浏览器会自动定向到新 URI。以后任何新的请求都应使用新的 URI 代替
302	Found	临时移动。与 301 类似，但资源只是临时被移动。客户端应继续使用原有 URI
304	Not Modified	未修改。所请求的资源未修改，服务器返回此状态码时，不会返回任何资源。客户端通常会缓存访问过的资源，通过提供一个头信息指出客户端希望只返回在指定日期之后修改的资源
403	Forbidden	服务器理解客户端的请求，但是拒绝执行此请求
404	Not Found	服务器无法根据客户端的请求找到资源
500	Internal Server Error	服务器内部错误

（2）响应头。与请求头类似，HTTP 定义了很多响应头，实际应用中响应报文中的响应头不固定，服务器会根据请求情况携带若干响应头，常见的响应头和作用见表 6-5。

表 6-5　常见响应头及其作用说明

响应头名称	作用说明
Allow	服务器支持的请求方法（如 GET、POST 等）
Content-Encoding	响应体内容的编码（Encode）方法
Content-Length	表示响应体内容长度
Content-Type	表示响应体属于何种 MIME 类型，网页类型是 text/html
Expires	指明应该在什么时候认为网页过期，过期后浏览器不再缓存该网页
Last-Modified	网页文档的最后修改时间，客户端可以通过 If-Modified-Since 请求头提供一个日期，该请求将被视为一个条件，只有改动时间迟于指定时间的文档才会返回，否则返回一个 304 状态
Location	表示客户应当到哪里去获取网页。Location 通常不是直接设置的，302 状态响应时会设置该响应头
Refresh	表示浏览器应该在多少时间之后刷新文档，以秒计

【任务实施】

参考项目 1 中的虚拟主机配置步骤，配置好虚拟主机 www.test.com。在虚拟主机对应的目录下，创建子目录 p6，在子目录中创建文件 6-1.php，输入代码如下所示：

```
<!DOCTYPE html>
<html>
  <head>
        <meta charset="utf-8">
        <title>HTTP 报文格式</title>
  </head>
  <body>
        <h>HTTP 报文格式</h>
        <form action="./x.php" method="post">
                用户名:<input type="text" name="username"> <br />
                年龄:<input type="text" name="age"> <br />
                <input type="submit" value="提交">
        </form>
  </body>
</html>
```

文件中定义了一个 form 表单，表单中包含 3 个输入控件，分别是两个输入框和一个提交按钮。

其中 form 表单有两个属性，action 属性指明表单收集的数据提交到哪个程序处理，这里我们定义了一个不存在的程序文件，在测试时会出现 404 报错。method 属性指明了数据的提交方式，测试时我们能看到数据出现在请求报文中。两个输入控件中指定了 name 属性，输入的数据会以该 name 属性值作为 key，输入值作为 value，提交给服务器。按钮类型是 submit，单击后就会提交请求。

打开 Chrome 浏览器，在页面右击，选择“检查”选项，进入浏览器的开发者工具，选择 Network 功能。在地址栏中输入 www.test.com/p6/6-1.php，可以看到浏览器页面出现表单信息，在右侧的开发者工具中可以看到 Status 为 200 的一条网络访问记录，如图 6-4 所示。

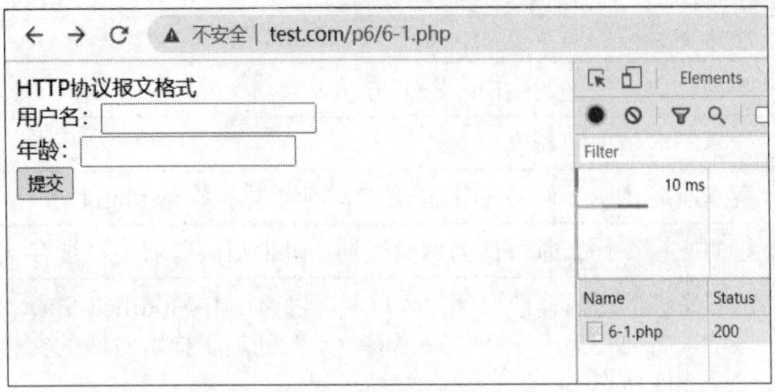

图 6-4　使用浏览器开发者工具

单击该记录，可以看到本次访问的 HTTP 报文头部信息，其中浏览器向服务器发送的请求报文截图如图 6-5 所示。

```
▾Request Headers      view parsed
  GET /p6/6-1.php HTTP/1.1
  Host: www.test.com
  Connection: keep-alive
  Cache-Control: max-age=0
  Upgrade-Insecure-Requests: 1
  User-Agent: Mozilla/5.0 (Windows NT 10.0; Win64; x64) AppleWebKit/537.36 (KHTML, like Ge
  Accept: text/html,application/xhtml+xml,application/xml;q=0.9,image/avif,image/webp,imag
  Accept-Encoding: gzip, deflate
  Accept-Language: zh-CN,zh;q=0.9,en;q=0.8
```

图 6-5　请求报文截图

结合请求报文格式，可以看到本次访问服务器通信情况。浏览器客户端请求方式是 GET，访问资源是/p6/6-1.php，遵循协议是 HTTP/1.1。浏览器在本次 GET 请求时发送了 8 个请求头，请求头携带了所访问的服务器域名、保持连接情况、缓存情况、客户端操作系统信息，以及客户端所有能接收的文件等信息。本次 GET 请求没有带参数。

针对客户端的请求，服务器作出了响应，响应头部信息截图如图 6-6 所示。

```
▾Response Headers      view parsed
  HTTP/1.1 200 OK
  Date: Sat, 23 Jan 2021 08:08:50 GMT
  Server: Apache/2.4.39 (Win64) OpenSSL/1.1.1c PHP/7.3.8
  X-Powered-By: PHP/7.3.8
  Content-Length: 366
  Keep-Alive: timeout=5, max=100
  Connection: Keep-Alive
  Content-Type: text/html; charset=UTF-8
```

图 6-6　响应报文截图

在响应报文头部信息中，可以看到本次访问情况，200 代表请求成功，后面有 7 个响应头，分别告诉浏览器响应时间、服务器情况、响应体数据长度、连接情况，以及响应体数据类型等信息。响应体内容即 HTML 代码，可以在 Response 菜单中看到。

继续测试，在输入框中输入用户名和年龄，单击"提交"按钮，可以看到本次与服务器的交互结果，如图 6-7 所示。

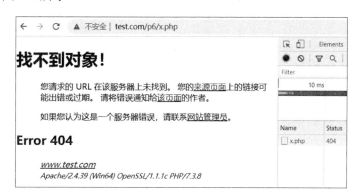

图 6-7　运行效果展示

单击右侧的访问记录，可以看到本次访问请求报文和响应报文，请求报文如图 6-8 所示。

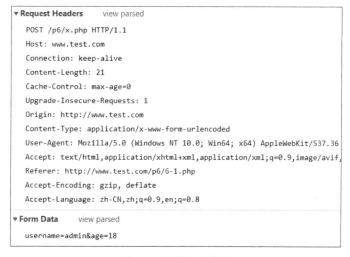

图 6-8　请求报文截图

可以看出通过表单单击"提交"按钮，浏览器向服务器发送了一个 POST 请求，请求资源是/p6/x.php，并携带了若干请求头，通过这些请求头告知服务器客户端的相关信息。相比上次 GET 请求，本次请求增加了一个 Referer 头，该头的值是上次 GET 请求的网址，服务器可以编程获取此头的信息，从而判断用户此次访问的来源。表单收集的数据以 key=value 形式存在请求报文体内，一起发送给服务器。

针对客户端发出的 POST 请求，服务器作出了响应，响应头部信息截图如图 6-9 所示。

可以看出服务器响应了 404 状态码 Not Found，意味着请求的资源/p6/x.php 在服务器中找不到，服务器显示给用户一个内置的 404 错误页面。响应报文中的响应头与上次 GET 请求响应信息相似。

```
▼ Response Headers    view parsed
HTTP/1.1 404 Not Found
Date: Sat, 23 Jan 2021 08:06:05 GMT
Server: Apache/2.4.39 (Win64) OpenSSL/1.1.1c PHP/7.3.8
Vary: accept-language,accept-charset
Accept-Ranges: bytes
Keep-Alive: timeout=5, max=100
Connection: Keep-Alive
Transfer-Encoding: chunked
Content-Type: text/html; charset=utf-8
Content-Language: zh-cn
```

图 6-9　响应报文截图

【任务小结】

本任务练习了 GET 和 POST 请求，通过使用 Chrome 浏览器自带的开发者工具，截取了请求和响应报文，对照 HTTP 协议规范，分析了报文信息。弄懂 HTTP，熟悉常见的请求头和响应头、响应状态码，对 Web 应用开发非常有帮助。

任务 2　从 HTTP 报文中获取传输数据

从 HTTP 报文中
获取传输数据

【任务描述】

动态网站的特点就是服务器端根据用户的需求定制数据，所谓的"需求"就是用户当前的选择或者输入的数据信息，表单就是这些数据的承载者。通过表单收集用户数据，将数据传输给服务器，服务器就能够获取用户需求，根据用户需求进行处理并显示结果。

本任务要求编写页面，客户端提交 GET 和 POST 请求，服务器端提取用户传输的数据，并输出显示在浏览器中。

【任务分析】

任务的完成需要了解服务器端获取用户请求数据的方法，PHP 支持通过多种方式获取用户提交的数据，接下来我们先来学习一下。

【知识链接】

1. 使用 $_GET 获取请求数据

GET 请求是最常见的请求方式，GET 请求携带的参数可以通过 $_GET 超全局变量获取，值的类型是数组。

GET 请求可以通过多种方式发送，常见的有以下几种。

（1）通过浏览器输入网址访问：

www.test.com/index?page=2

（2）通过设置超链接 <a> 标签 href 属性：

```
<a href=' http://www.test.com/member/edit?id=1'>编辑</a>
```

（3）通过设置 JavaScript 的 BOM 中 location 对象的 href 属性：

```
<script>location.href=" http://www.test.com/member/delete?id=1"</script>
```

接下来我们编写代码测试，在 p6 文件夹中创建文件 6-2.php，输入代码如下：

```
<!DOCTYPE html>
<html>
  <head>
        <meta charset="utf-8">
        <title>发送 GET 请求</title>
  </head>
<body>
  通过超链接发送 GET 请求：
  <a href="./getinfo.php?action=edit&id=3">发送 get 请求并传递数据</a><br/>
  通过 location 对象属性设置发送 GET 请求：
  <input type="button" onclick="location.href='./getinfo.php?action=delete&id=1'" value="删除">
</body>
</html>
```

示例代码中分别使用超链接和 location 对象发送了 GET 请求，同时传递了两个不同的参数，请求资源是 ./getinfo.php。

接下来创建 getinfo.php 文件，编写代码获取处理请求，通过 $_GET 变量获取并输出 GET 请求携带的参数信息，编写代码如下：

```
<?php
//接收 GET 请求,获取数据
if(isset($_GET['action'])){
  $action = $_GET['action'];
  echo 'GET 请求传递数据是 action='.$action.'<br/>';
}
if(isset($_GET['id'])){
  $id = $_GET['id'];
  echo 'GET 请求传递数据是 id='.$id;
}
```

通过使用 $_GET 超全局变量，根据参数键 key 获得对应的值。

打开浏览器输入网址 http://www.test.com/p6/6-2.php，可以看到提供的超链接和按钮，单击超链接会发送 GET 请求，服务器响应 getinfo.php 页面，在页面中输出所获取的参数值，单击按钮可以看到同样的效果。

💡小贴士　程序中使用了一个函数 isset()，该函数可以检测变量是否为 NULL，返回布尔类型的值，应用广泛。

2．使用 $_POST 获取请求数据

表单数据提交多使用 POST 请求方式，通过设置表单 <form> 标签的 method 属性为 post，将表单数据提交到服务器端。POST 数据的获取使用超全局变量 $_POST，其用法与 $_GET 变量相似。需要注意的地方是表单控件属性需要书写正确，否则不能正确将数据提交给 Web 服务器。

表单提交数据较为复杂的是复选框数据的提交，接下来通过示例演示 POST 数据提交和获取，创建页面 6-3.php，编写代码如下：

```html
<!DOCTYPE html>
<html>
  <head>
        <meta charset="utf-8">
        <title>复选框数据获取</title>
  </head>
  <body>
        <form action="#" method="post">
                用户名:<input type="text" name="username"> <br />
                年龄:<input type="text" name="age"> <br />
                爱好:<input type="checkbox" name="hobby" value="study">学习
                        <input type="checkbox" name="hobby" value="play">游戏
                            <input type="checkbox" name="hobby" value="soccker">足球  <br />
                <input type="submit" value="提交">
        </form>
  </body>
</html>
<?php
//输出 POST 请求数据
print_r($_POST);
```

文件中定义了表单<form>收集用户的姓名、年龄和爱好信息，其中爱好是多选，通过 checkbox 实现，选项有 3 个，设置了 name 和 value 属性，其中 name 属性值相同，代表是一组选项。表单<form>的 action 属性设置为"#"，表示提交给本文件处理。在 HTML 代码结束后，PHP 代码输出了$_POST 数组。

打开浏览器输入网址 http://www.test.com/p6/6-3.php，可以看到浏览器显示效果如图 6-10 所示。除了显示表单之外，还有一个空数组输出 Array()，因为还未输入数据提交表单，所以 $_POST 内无数据。

图 6-10　运行效果展示

在表单内输入数据，并勾选 3 个爱好，单击"提交"按钮，可以看到如图 6-11 所示的输出效果。

从运行效果可以看到，单击提交按钮后，$_POST 输出了表单提交的内容，但是只获取到了最后一个爱好信息，丢失了部分信息。分析原因，这是因为数组中索引重复数据会被覆盖，

PHP 的$_POST/$_GET 会对同名 name 属性进行覆盖，所以在当前写法下只能获取最后一个选项信息。

图 6-11　运行效果展示

解决方法是在复选框的 name 属性值后添加 "[]"，PHP 会自动认为该符号是数组形式，自动将同名带有 "[]" 的元素组合到一起形成数组。修改复选框代码如下：

```
爱好:<input type="checkbox" name="hobby[]" value="study">学习
    <input type="checkbox" name="hobby[]" value="play">游戏
    <input type="checkbox" name="hobby[]" value="soccker">足球  <br />
```

输入内容勾选爱好，再次单击 "提交" 按钮，可以看到$_POST 数组输出内容如下所示。

```
Array ([username] => 张三[age] => 20 [hobby] => Array ([0] => study [1] => play [2] => soccker))
```

在浏览器页面上右击查看源代码，看到$_POST 更加清晰的数组结构，如图 6-12 所示，可以看出 hobby 被识别为数组，所选爱好信息作为数组元素存储。

```
Array
(
    [username] => 张三
    [age] => 20
    [hobby] => Array
        (
            [0] => study
            [1] => play
            [2] => soccker
        )

)
```

图 6-12　$_POST 数据展示

💡小贴士　　除了$_GET 和$_POST 可以获取用户数据，$_REQUEST 这个超全局变量也可以获取用户数据，同时获取 GET 和 POST 请求的数据，以数组形式存储。

【任务实施】

创建页面 6-4.php，页面中编写一个超链接发送 GET 请求并携带数据，再添加一个表单发送 POST 请求并携带数据，页面提交请求后，服务器端获取请求数据并展示。

页面代码如下：

```
<!DOCTYPE html>
<html>
    <head>
        <meta charset="utf-8">
```

```
        <title></title>
    </head>
    <body>
        通过超链接发送 GET 请求:
        <a href="./6-4.php?action=edit&id=3">发送 get 请求并传递数据</a><br/>
        通过表单发送 POST 请求:
        <form action="#" method="post">
            用户名:<input type="text" name="username"> <br />
            年龄:<input type="text" name="age"> <br />
            爱好:<input type="checkbox" name="hobby[]" value="study">学习
                <input type="checkbox" name="hobby[]" value="play">游戏
                    <input type="checkbox" name="hobby[]" value="soccker">足球  <br />
                <input type="submit" value="提交">
        </form>
    </body>
</html>
<?php
    echo '<pre><hr>$_GET 获取数据<br>';
    print_r($_GET);
    echo '<hr>$_POST 获取数据<br>';
    print_r($_POST);
    echo '<hr>$_REQUEST 获取数据<br>';
    print_r($_REQUEST);
```

在 PHP 实现部分,通过 3 种方式获取请求数据并输出。打开浏览器输入网址,先单击超链接提交 GET 请求,可以看到如图 6-13 所示的输出效果。

图 6-13　运行效果展示

继续在表单中输入用户信息,单击"提交"按钮,获取请求数据如图 6-14 所示,可以看到$_REQUEST 包含了$_GET 和$_POST 的请求数据。

```
$_GET获取数据
Array
(
    [action] => edit
    [id] => 3
)

$_POST获取数据
Array
(

    [username] => 张三
    [age] => 20
    [hobby] => Array
        (
            [0] => study
            [1] => soccker
        )

)
```

```
$_REQUEST获取数据
Array
(
    [action] => edit
    [id] => 3
    [username] => 张三
    [age] => 20
    [hobby] => Array
        (
            [0] => study
            [1] => soccker
        )

)
```

图 6-14　运行效果展示

【任务小结】

通过本任务学习了 GET 请求和 POST 请求的发送方式，练习了使用 3 种超全局变量获取用户提交数据。GET 请求原理、POST 请求原理及请求数据的获取是 PHP 与 Web 交互的关键知识，读者必须要熟练掌握。

任务 3　记录上次访问时间

【任务描述】

会话管理也是 Web 应用开发非常重要的知识点，本任务要求利用会话技术实现记录上次访问时间的小功能，即本次访问时将上次访问的时间输出到页面上。

记录上次访问
时间

【任务分析】

任务完成需要使用会话技术 Cookie，在开始任务之前，我们先一起学习什么是会话，以及如何做会话管理。

【知识链接】

1. 会话的概念

HTTP 的特点是无状态，即当一个浏览器连续多次请求同一个 Web 服务器时，服务器是无法区分多个操作是否来自同一个浏览器（用户）的。实际 Web 应用中，用户登录系统后，常常还会继续使用系统，持续访问服务器请求资源，发送多个请求，那么服务器是如何能够分辨多次访问请求来自同一个用户呢？会话技术的出现就是为了解决这个问题。

会话可以理解为，用户打开一个浏览器，访问某一个 Web 站点，在这个站点单击多个超链接，访问服务器多个 Web 资源，最后关闭浏览器会话结束，整个过程称之为一个会话。如果用户没有关闭浏览器，而是直接走开，通过约定一个时间，距离上次访问超过该时限，则同样认为会话结束。

会话技术就是通过 HTTP 想办法让服务器能够识别来自同一个浏览器的多次请求，从而方便浏览器（用户）在访问同一个网站的多次操作中，能够持续进行而不需要进行额外的身份验证。会话技术有两种，分别是 Cookie 和 Session，其中 Session 依赖 Cookie。

2. Cookie

Cookie 是由服务器端创建，通过响应头 Set-cookie 发送到浏览器客户端，浏览器收到并存储的小文本文件，不同浏览器允许每个域名存储的 Cookie 个数不同，一般总大小控制在 4KB 以内。浏览器会根据 Cookie 设置情况，存储若干时间。在后续访问中，只要 Cookie 没有过期或者被删除，就会把 Cookie 信息通过 HTTP 协议头发送给服务器。

根据 Cookie 信息的这个特性，可以实现很多小功能，比如记录上次访问时间，记录用户名密码等。Cookie 的作用原理如图 6-15 所示。

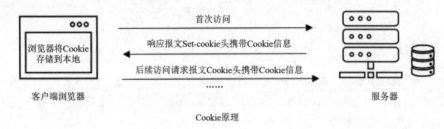

图 6-15　Cookie 原理示意

- 第一次请求访问时，服务器端通过 setcookie()函数创建 Cookie 信息，将 Cookie 通过 HTTP 响应头 Set-cookie 传输给浏览器客户端。
- 浏览器收到响应报文，将 Set-cookie 头中的 Cookie 信息保存到浏览器。
- 浏览器后续请求同一个网站的时候，会自动检测是否存在 Cookie 数据，如果存在将在请求报文中添加 Cookie 头，将数据携带到服务器。
- 服务器端接收请求，会自动判断浏览器请求中是否携带 Cookie，如果携带，自动保存到$_COOKIE 超全局变量中。
- 服务器端利用$_COOKIE 获取用户端保存的 Cookie 数据，完成各种应用。

PHP 使用 setcookie()函数生成 Cookie 信息，该函数的语法是：setcookie($name, $value)。其中 Cookie 的名字是字符串类型，值必须是简单数据类型：整数或者字符串。

接下来我们编写示例程序进行测试，创建文件 6-5.php，添加设置和获取 Cookie 的代码，如下所示：

```php
<?php
//创建 Cookie
setcookie('username','zhangsan');
setcookie('age',18);
//输出获取的 Cookie
echo '<pre>客户端携带的 cookie 信息如下:<hr>';
print_r($_COOKIE);
```

代码中使用 setcookie()函数创建了两个 Cookie 信息，最后通过$_COOKIE 查看客户端带给服务器的 Cookie 数据。

打开浏览器输入网址，首次访问该网页，显示效果如图 6-16 所示。

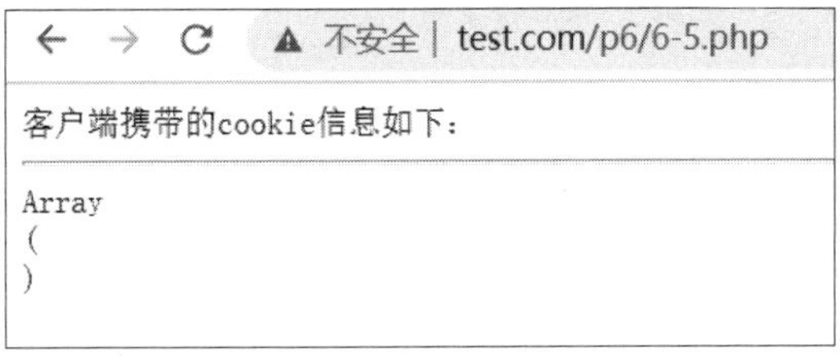

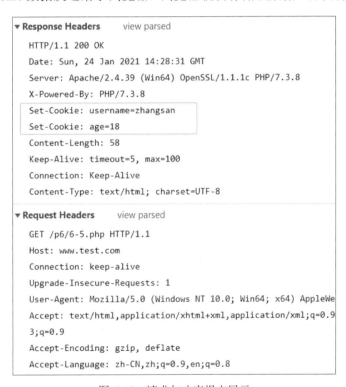

图 6-16　运行效果展示

因为首次访问，浏览器中没有存储该网站创建的 Cookie 信息，所以服务器端$_COOKIE 内容为空。查看本次访问的 HTTP 请求响应报文，如图 6-17 所示，可以看出，响应报文中多了两个 Set-cookie 头，值分别是程序中设置的 Cookie 信息。通过响应报文的这两个头，服务器就将创建的 Cookie 数据发送给了浏览器，浏览器就会存储该数据，再次访问时带给服务器。

图 6-17　请求与响应报文展示

刷新页面，再次访问该网址，可以看到如图 6-18 所示的输出，$_COOKIE 中存储了服务器端从客户端带来的 Cookie 信息，即本次访问中服务器端获取了客户端携带回服务器的 Cookie 信息。

查看本次访问的 HTTP 消息，可以看到在请求报文中，多了一个 Cookie 头，其值就是上次访问浏览器存储的 Cookie 信息，如图 6-19 所示。

```
←   →   C   ▲ 不安全 | test.com/p6/6-5.php

客户端携带的cookie信息如下：

Array
(
    [username] => zhangsan
    [age] => 18
)
```

图 6-18　运行效果展示

```
▼ Response Headers      view parsed

HTTP/1.1 200 OK
Date: Sun, 24 Jan 2021 14:29:38 GMT
Server: Apache/2.4.39 (Win64) OpenSSL/1.1.1c PHP/7.3.8
X-Powered-By: PHP/7.3.8
Set-Cookie: username=zhangsan
Set-Cookie: age=18
Content-Length: 101
Keep-Alive: timeout=5, max=100
Connection: Keep-Alive
Content-Type: text/html; charset=UTF-8

▼ Request Headers      view parsed

GET /p6/6-5.php HTTP/1.1
Host: www.test.com
Connection: keep-alive
Cache-Control: max-age=0
Upgrade-Insecure-Requests: 1
User-Agent: Mozilla/5.0 (Windows NT 10.0; Win64; x64) AppleWeb
Accept: text/html,application/xhtml+xml,application/xml;q=0.9,
3;q=0.9
Accept-Encoding: gzip, deflate
Accept-Language: zh-CN,zh;q=0.9,en;q=0.8
Cookie: username=zhangsan; age=18
```

图 6-19　请求与响应报文截图展示

如果不做其他设置，当浏览器关闭，本次会话结束，Cookie 信息就会被删除。如果想让 Cookie 信息存储时间长，需要设置 setcookie()函数的第 3 个参数，如 setcookie('username','zhangsan',time()+7*24*60*60)，表示该 Cookie 信息在浏览器客户端存储 7 天后过期。

3. Session

Session 是会话的意思，Session 的实现依赖 Cookie，使用 Session 机制可以解决服务器端如何识别同一个用户多次访问的问题。服务器端为所有用户每次会话创建一个唯一的 Session 文件，文件中可以存储本次会话的会话信息，如用户通过登录验证后，用户名信息可以存在 Session 中，其他需要用户登录权限的页面，就可以通过读取 Session 中的用户名信息判断用户的登录验证状态。

Session 的基本原理如图 6-20 所示，通过分配一个"钥匙"sessionid，客户端和服务器端能够保持会话状态。

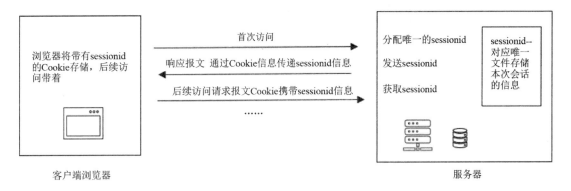

图 6-20　Session 原理示意图

当浏览器关闭，对应存储 sessionid 的 Cookie 被清除，再次访问没有携带"钥匙"，服务器端就会认为是一次新的会话，重新分配 sessionid。而原来的服务器端 sessionid，在规定时间内，如果没有再接收到用户请求带来的"钥匙"，则删除该 sessionid 及对应的会话文件。

PHP 中 Session 默认是没有开启的，使用 Session 需要先调用 session_start()函数，之后就可以通过使用$_SESSION 超全局变量来设置和读取会话相关的信息。sessionid 的分配、会话文件的创建都不需要我们操作，在开发中可以只关注如何利用$_SESSION 操作会话信息。

接下来通过示例程序测试 Session 信息的设置与读取，创建 6-6.php 文件，添加代码如下：

```php
<?php
//开启 Session
session_start();
//在 Session 中存储信息
$_SESSION['username']='adminx';
$_SESSION['verifycode']='XYZD';
//输出 Session 信息
echo '<pre>本次会话文件存储的 Session 数据如下:<hr>';
print_r($_SESSION);
//输出 Cookie 中存储的 sessionid 信息
echo '本次会话对应的 sessionid 如下:<hr>';
if(isset($_COOKIE['PHPSESSID']))
  echo $_COOKIE['PHPSESSID'];
```

输入网址测试，首次访问可以看到 Session 数据设置和获取成功。因为是首次访问，客户端没有携带 Cookie 信息。刷新再次访问，可以看到 Cookie 信息中的 sessionid，如图 6-21 所示。当关闭浏览器，再次访问测试，看到的 sessionid 与浏览器关闭前的不相同，即服务器认为是一次新的会话，重新分配了 sessionid。

如果想要删除服务器存储的 Session 数据，可以使用 unset($_SESSION['name'])删除指定 name 的 Session 信息，但是 Session 文件并不会被删除。

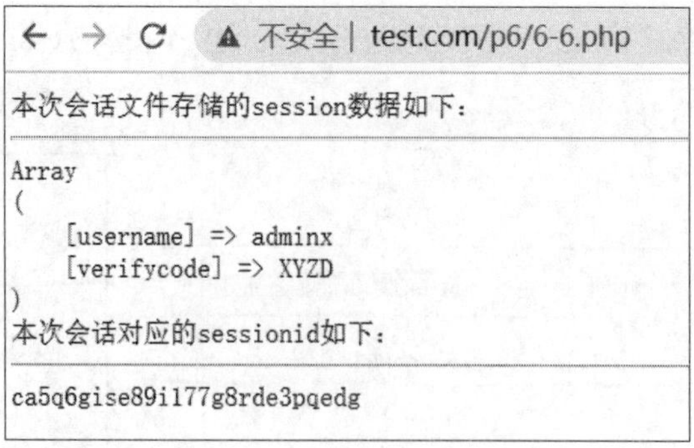

图 6-21　运行效果展示

如果想删除所有 Session 数据，可以通过 $_SESSION=array() 将 Session 数据置空。如果想连 Session 文件也删除，即销毁 Session，可以使用 session_destroy() 函数，该函数会自动根据 session_start() 得到的 sessionid 找到指定的 Session 文件，并将其删除。

【任务实施】

在学习了会话管理相关知识后，我们来完成记录上次访问时间的任务，通过 Cookie 存储本次访问时间，并设置过期时间为 30 天，将这个访问时间发送给浏览器，以此实现记录访问时间的功能。

创建文件 6-7.php，编写记录上次访问时间的代码，添加程序代码如下所示：

```php
<?php
//1.设置时区
date_default_timezone_set('Asia/Shanghai');
//2.获取当前时间戳存储到 Cookie,设置 Cookie 的过期时间为 30 天
$rec = date("Y-m-d H:i:s");
setcookie('lastAccessTime',$rec, time()+30*24*60*60);
//3.获取浏览器发送的上次访问时间,并输出
if(isset($_COOKIE['lastAccessTime'])){
    echo '您上次访问时间是:'.$_COOKIE['lastAccessTime'].'<br/>';
}else{
    echo '您是首次访问本网站或者据上次访问已经超过三十日！<br/>';
}
echo '<hr>当前时间是:'.date("Y-m-d H:i:s");
```

设置时区后，获取用户访问该页面时的服务器时间，该时间就是本次访问的时间，也是下次访问的"上次访问时间"，所以将该时间存储到 Cookie 中，通过 Cookie 存储到客户端。

后续访问，只要 Cookie 信息没有过期或者被删除，就会将该信息带回到服务器端。

服务器端通过 $_COOKIE['lastAccessTime'] 获得浏览器客户端存储的上次访问时间，将其输出到页面上。

打开浏览器输入网址，首次访问看到图 6-22 所示的显示效果。

过一段时间再次访问，看到如图 6-23 所示的运行效果，显示记录的用户上次访问时间。

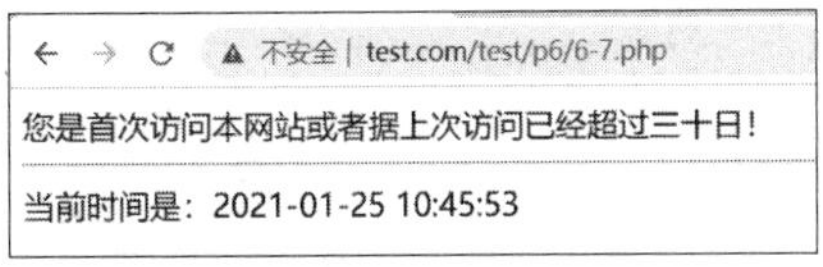

不安全 | test.com/test/p6/6-7.php
您是首次访问本网站或者据上次访问已经超过三十日！
当前时间是：2021-01-25 10:45:53

图 6-22 首次访问效果

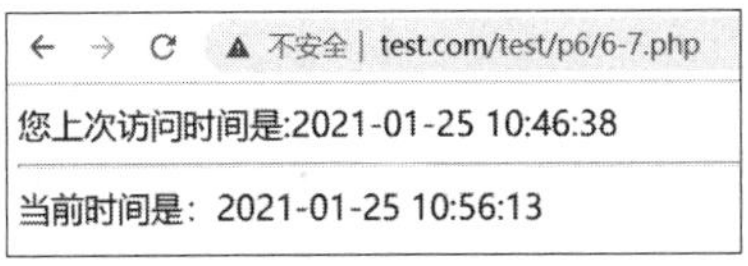

不安全 | test.com/test/p6/6-7.php
您上次访问时间是:2021-01-25 10:46:38
当前时间是：2021-01-25 10:56:13

图 6-23 后续访问效果

【任务小结】

本任务重点练习了会话技术 Cookie，通过 Cookie 客户端存储的特性，服务器可以将一些信息临时存放在客户端，为用户提供更好的应用体验。

Cookie 和 Session 是应用非常广泛的会话技术，在不同语言的 Web 应用开发中，具体使用方法有所区别，但基本的原理是一致的。学习了 PHP 中的 Cookie 和 Session 的使用方法后，读者学习其他 Web 开发技术的会话管理会更加方便。

项目拓展 会员登录权限验证与退出

【项目分析】

会员登录权限验证与退出

登录与退出功能是 Web 应用中常见的功能模块，完整的登录功能还需要综合数据库数据验证，本项目暂时不涉及数据库连接验证，主要关注登录表单、后端数据获取与验证、用户权限验证、退出功能。任务完成主要涉及 PHP 与 Web 交互、表单数据获取、Session 等知识。

拆解业务流程，需要创建 4 个文件，处理不同的业务逻辑，文件名和功能如下：

- login.php 提供登录表单
- dologin.php 登录逻辑处理
- index.php 登录后的主页
- logout.php 退出逻辑处理

【项目实施】

（1）在 p6 文件夹中创建 login.php 页面，添加登录表单代码如下所示：

```
<!DOCTYPE html>
<html>
  <head>
        <meta charset="utf-8">
        <title>登录页面</title>
        <style>
              form,span,input{ margin: 5px; }
        </style>
  </head>
  <body>
        <h2>会员登录</h2>
        <form action="./dologin.php" method="post">
```

```
                <span>用户名:</span><input type="text" name="username"> <br />
                <span>密   码:</span>
<input type="password" name="password"> <br />
                <input type="submit" value="提交">
        </form>
    </body>
</html>
```

打开浏览器输入地址测试，运行效果如图 6-24 所示。

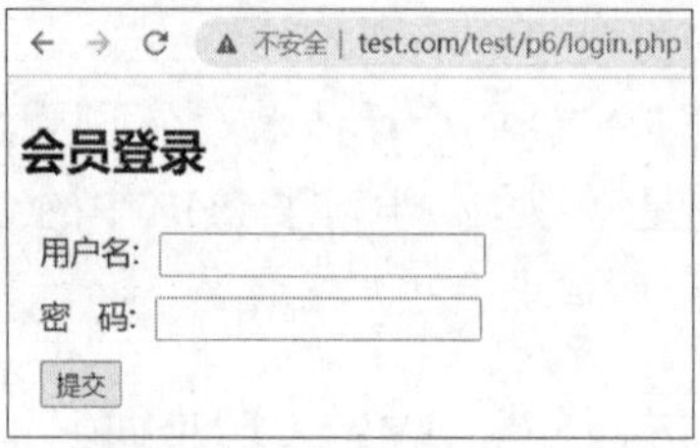

图 6-24　登录页面展示

（2）创建登录逻辑处理页面 dologin.php，添加处理代码如下：

```php
<?php
//获取用户信息
$username = isset($_POST['username'])?$_POST['username']:null;
$password = isset($_POST['password'])?$_POST['password']:null;
//验证登录信息
if($username == 'zhangsan' && $password == '123456'){
    //用户名存储到 Session
    session_start();
    $_SESSION['username'] = $username;
    //跳转到主页
    echo "登录成功 3 秒后跳转到<a href='./index.php'>主页</a>......";
    header("Refresh:3;url='./index.php'");
}else{
    //验证失败,重新登录
    exit('登录失败！点击此处 <a href="javascript:history.back(-1);">返回</a> 重试');
}
```

在登录逻辑处理页面中，服务器端通过$_POST 获取用户输入的登录信息，如果登录信息正确，则存储用户名到 Session，用于后续权限验证，并跳转到主页。如果登录信息有误，则提示错误并返回登录页面。

（3）创建主页 index.php，添加代码如下所示：

```php
<?php
session_start();
$flag = isset($_SESSION['username']);
if(!$flag){
    //未登录用户
    echo "您尚未登录！3 秒后跳转到<a href='./login.php'>登录页面</a>......";
    header("Refresh:3;url='./login.php'");
    exit;
}
```

```
?>
<!DOCTYPE html>
<html>
    <head>
            <meta charset="utf-8">
            <title>主页</title>
    </head>
    <body>
            <h2>欢迎用户<?=$_SESSION['username']?></h2>
            <hr>
            ......
            <hr>
            <a href="./logout.php">退出登录</a>
    </body>
</html>
```

主页除了显示信息外，还进行了权限验证，在 PHP 代码部分先验证 Session 中是否有用户名，如果没有则表示用户尚未登录，将提示用户并跳转到登录页面。

打开浏览器测试运行，在登录页面输入登录信息，当用户信息正确时，显示效果如图 6-25 所示，提示登录成功，在 3 秒后跳转到主页，显示用户信息。如登录信息有误，则提示错误并跳转回登录页面。

图 6-25　跳转欢迎页面

（4）创建 logout.php 页面，处理用户退出逻辑，添加代码如下所示：

```
<?php
session_start();
session_destroy();
echo "已退出登录！3 秒后跳转到<a href='./login.php'>登录页面</a>......";
header("Refresh:3;url='./login.php'");
```

在主页单击"退出登录"超链接，提示退出登录，并自动跳转到登录页面。

在退出功能实现代码中，通过销毁方法 session_destroy()，销毁本次会话 Session 文件。单击退出后，再次进入主页 index.php，则必须要重新登录验证。

思考与练习

一、单选题

1. 在 PHP 中用于存储 Cookie 数据的超全局变量是（　　）。

  A．$_COOKIES   B．$_GETCOOKIES

　　C．$_GETCOOKIE　　　　　　　　D．$_COOKIE

2．PHP 用于存储用户会话信息的超全局变量是（　　）。

　　A．$_GET　　　　B．$_POST　　　　C．$_FILES　　　　D．$_SESSION

3．关于 Cookie 与 Sessions 说法错误的是（　　）。

　　A．Cookie 是在服务器端创建，并写回到客户端浏览器

　　B．Session 将信息存储在客户端，现在保存到服务端

　　C．Cookie 对文件的大小要求一般控制在 4KB 以内

　　D．Session 保存的是对象，Cookie 保存的是字符串

4．以下不属于 HTTP 支持的请求方式是（　　）。

　　A．GET　　　　　B．PUTS　　　　C．DELETE　　　　D．POST

5．以下状态码描述错误的是（　　）。

　　A．404 代表请求的服务器资源不存在

　　B．500 代表服务器内部出错

　　C．200 代表请求成功

　　D．403 代表请求的资源移动到新的 URI

　二、多选题

1．在 PHP 中，超全局变量有（　　）。

　　A．$_GLOBALS　　B．$_POST　　　C．$_FILES　　　　D．$_COOKIE

2．在 PHP 中关于 Session 说法正确的是（　　）。

　　A．函数 session_start()启动会话

　　B．使用$_SESSION 超全局变量存取 Session

　　C．可以使用 isset()判断某个 Session 是否被设置

　　D．可以使用 unset()或 session_destroy()函数销毁 Session

3．PHP 中用于检索表单信息的超全局变量是（　　）。

　　A．$_GET　　　　B．$_POST　　　　C．$_DELETE　　　D．$_UPDATE

　三、判断题

1．Cookie 在用户计算机上存储，大小有限制。　　　　　　　　　　（　　）

2．Session 可以实现用户登录权限验证、验证码等功能。　　　　　（　　）

3．即使浏览器关闭，Session 也不会中止，客户端仍然可以继续原会话。（　　）

　四、实操题

1．编写用户注册页面，用户输入注册信息，服务器端获取注册信息并输出。

2．在项目拓展（会员登录权限验证与退出）中，增加登录验证码功能，先验证用户验证码信息输入是否正确，再验证用户登录信息的正确性。

项目 7　操作 MySQL 数据库

　　PHP 操作 MySQL 数据库是 PHP 进行 Web 应用开发的重要知识点，通过表单收集用户信息和需求，逻辑处理后，更新到数据库，可以给用户提供更加丰富多样的应用服务。PHP 操作 MySQL 数据库有多种方式，本项目主要讲解使用 mysqli 面向过程方式操作数据库，学习 mysqli 相关函数的使用，实现连接数据库及执行对数据表的增删改查操作。

- 掌握使用 mysqli 连接数据库
- 掌握 mysqli 对数据表增删改查的实现
- 掌握预处理原理
- 掌握预处理和参数绑定相关函数
- 能够综合运用 Web 交互与操作数据库知识实现常见功能模块

任务 1　用 mysqli 查询图书信息

【任务描述】

　　MySQL 是 PHP 进行网站开发配套使用的最为流行的开源数据库，mysqli 是 PHP 提供的一套操作 MySQL 数据库的扩展，同时支持面向过程和面向对象两种方式，代码简洁，使用方便。本任务要求使用 mysqli 查询图书表 book 的所有信息，并显示在页面中。

用 mysqli 查询
图书信息

【任务分析】

　　任务的完成需要创建数据库和数据表，并使用 PHP 连接数据库，发送 SQL 语句，获取结果并处理显示。任务需综合 PHP 与 Web 交互的知识，以及 mysqli 扩展提供的相关函数，接下来我们先一起学习相关的知识点。

【知识链接】

1. 使用 XAMPP 中的 MySQL

　　在项目 1 中使用 XAMPP 安装了 MySQL 服务，可以通过 XMAPP 控制面板进入 MySQL 的命令行。首先单击 MySQL 服务启动按钮 Start 启动服务，单击 XAMPP 面板右侧的 Shell 按钮，进入命令行。

在命令行中输入 root 用户登录命令 mysql -uroot -p 并按 Enter 键，提示继续输入密码，默认密码为空，继续按 Enter 键，即以 root 用户登录 MySQL 数据库，输入 show databases 命令，可以看到当前数据库服务器中所有的数据库信息，命令执行情况如图 7-1 所示。

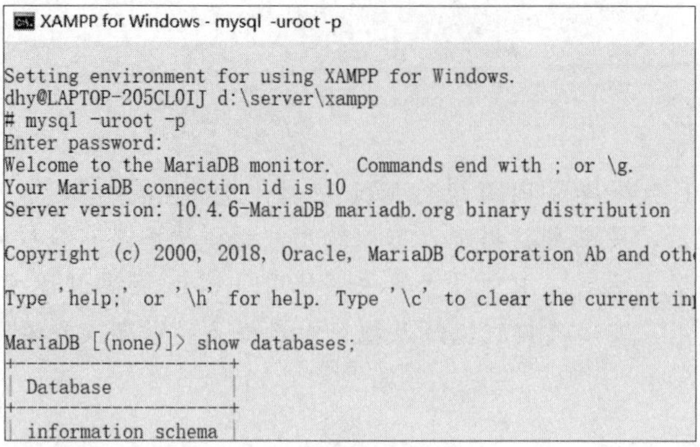

图 7-1　MySQL 命令行

在命令行中输入 create database phpDB default charset=utf8 命令，创建 phpDB 数据库。

使用命令 use phpDB 进入数据库，输入创建表命令，创建一个存储用户信息的数据表 user，包含 id（主键）、username（用户名）、password（密码）、age（年龄）、email（邮箱）5 个字段，创建命令如下所示：

```
create table user(
    id int primary key auto_increment,
    username varchar(32) not null,
    password varchar(32) not null,
    age tinyint unsigned not null,
    email varchar(32) not null
)engine myisam charset utf8;
```

创建好表后，使用 desc user 命令，查看数据表 user 的表结构，如图 7-2 所示。

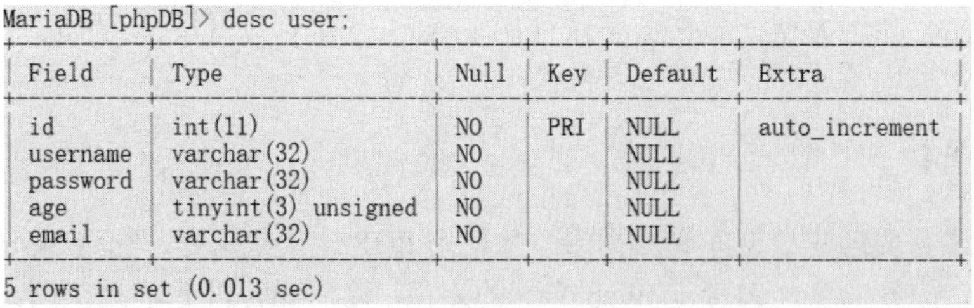

图 7-2　查看表结构

除了可以使用命令行操作数据库，还可以使用 XAMPP 中的 phpMyAdmin 工具。单击 XAMPP 面板中 MySQL 服务对应的 Admin 按钮，就可以打开 phpMyAdmin 界面，以图形化界面形式操作 MySQL，如图 7-3 所示，与通过命令行查看操作数据库是一样的效果。

2. 连接数据库

使用 mysqli 扩展操作数据库，先要确保 mysqli 扩展是开启的，通过 phpinfo() 函数可以查看扩展开启情况。在 XAMPP 安装环境下，mysqli 扩展是默认开启的，如图 7-4 所示，可以看出 mysqli 扩展已经启动。

图 7-3 phpMyAdmin 操作页面

mysqli

Mysqll Support	enabled
Client API library version	mysqlnd 5.0.12-dev - 20150407 - $Id: 7cc7cc96e675f6d72e5cf0f267f48e167c2abb23 $
Active Persistent Links	0
Inactive Persistent Links	0
Active Links	0

Directive	Local Value	Master Value
mysqli.allow_local_infile	Off	Off
mysqli.allow_persistent	On	On
mysqli.default_host	no value	no value
mysqli.default_port	3306	3306
mysqli.default_pw	no value	no value
mysqli.default_socket	no value	no value
mysqli.default_user	no value	no value
mysqli.max_links	Unlimited	Unlimited
mysqli.max_persistent	Unlimited	Unlimited
mysqli.reconnect	Off	Off
mysqli.rollback_on_cached_plink	Off	Off

图 7-4 mysqli 扩展开启情况

PHP 操作 MySQL 数据库，首先执行的函数是数据库连接函数 mysqli_connet()，通过该函数先连接上对应数据库服务器的数据库。数据库连接函数的使用语法如下：

mysqli_connect($host, $username, $password, $dbname, $port, $socket);

$host 代表数据库服务器主机或者 IP 地址，$username 是登录 MySQL 服务器的用户名，$password 是密码，$dbname 指定默认使用哪个数据库，$port 指定连接 MySQL 服务器的端口号，$socket 一般不设置。函数连接成功将返回一个代表连接到 MySQL 服务器的连接对象，如果出错会返回布尔值 false。6 个参数都是可选参数，如果不设置，会读取服务器配置默认连接参数。

在数据库连接时，常常需要判断连接是否成功，连接成功才能进行后续数据库操作，如果连接不成功常使用 mysqli_connect_error()函数返回连接错误的描述。该函数无参数，当连接失败时返回描述错误信息的字符串，否则返回 NULL。

创建 7-1-connect.php，编写代码连接已经创建好的数据库 phpDB，并验证连接是否成功，实现代码如下所示：

```php
<?php
$con=mysqli_connect("127.0.0.1","root","","phpDB",3306);
// 检查连接是否成功
if (!$con){
    exit("连接错误: " . mysqli_connect_error());
}
echo '连接数据库成功!';
```

当数据库连接参数正确时，数据库服务正常启动，程序运行访问，连接正确，页面输出"连接数据库成功!"。如果连接参数有误，会输出报错信息，如修改数据库名称为一个不存在的数据库，会输出如图 7-5 所示的错误信息。开发者要仔细阅读错误提示信息，根据信息修改程序。

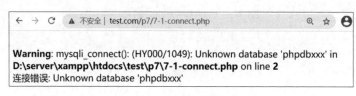

图 7-5　错误提示

3. 对数据表进行数据维护

（1）在数据表中添加记录。PHP mysqli 扩展提供了 mysqli_query()函数，用来执行 SQL 语句，该函数的语法如下：

```
mysqli_query($connection, $query, $resultmode)
```

其中$connection 是必选参数，指定数据库连接，$query 是待执行的 SQL 语句，第 3 个参数$resultmode 是可选参数，一般使用默认值即可。

当执行的 SQL 语句是 insert、update 或者 delete，函数会返回布尔值 true 或 false，代表 SQL 语句执行是否成功。当执行的 SQL 语句是查询语句，如 select、show 等，将返回一个结果集对象 mysqli_result。

接下来创建 7-2-insert.php 文件，执行添加 SQL 语句，代码如下所示：

```php
<?php
$con=mysqli_connect("127.0.0.1","root","","phpDB",3306);
// 检查连接是否成功
if (!$con){
    exit("连接错误: " . mysqli_connect_error());
}
//连接成功 执行 SQL 语句
$sql = "insert into 'user' ('username', 'password', 'age', 'email')
        values('xiaobai','1234',18,'xiaobai@163.com')";
$res = mysqli_query($con,$sql);
var_dump($res);
```

打开浏览器执行 PHP 代码，输出布尔值 true，表明 SQL 语句执行成功，查验数据库 user 表，可以看到添加成功的记录。

如果 SQL 语句有语法错误，则执行失败，返回布尔值 false，表示 SQL 语句执行失败。如果想要输出具体失败的报错信息，可以使用 mysqli_error($con)函数，在 7-2-insert.php 中继续添加如下代码：

```
if(!$res){
    exit("执行 sql 语句出错:".mysqli_error($con));
}
```

修改 SQL 语句使得添加失败，再运行浏览器就会输出错误信息，如图 7-6 所示。

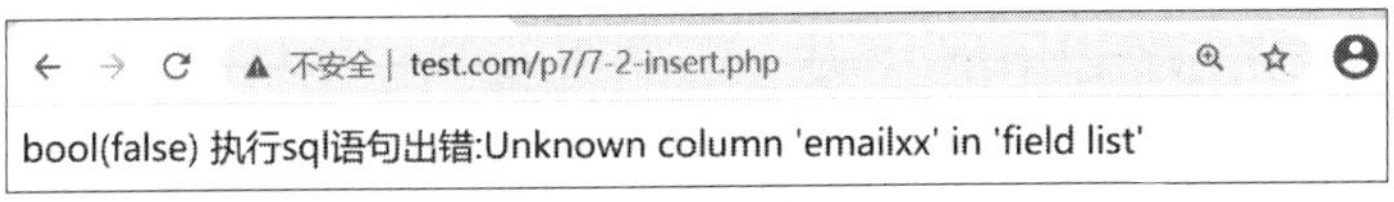

图 7-6　错误提示

（2）在数据表中修改记录。在数据表中修改记录，需要使用 update 语句。在 PHP 中使用 mysqli_query()函数执行 update 语句完成数据的修改，创建 7-3-update.php 文件，添加代码如下：

```
<?php
$con=mysqli_connect("127.0.0.1","root","","phpDB",3306);
// 检查连接是否成功
if (!$con){
    exit("连接错误: " . mysqli_connect_error());
}
//连接成功 执行 update 语句
$sql = "update 'user' set 'password'='8888', 'email'='test@qq.com' where 'id'=1";
$res = mysqli_query($con,$sql);
var_dump($res);
if(!$res){
    exit("执行 sql 语句出错:".mysqli_error($con));
}
```

打开浏览器执行代码，输出布尔值 true，表明 SQL 语句执行成功，查验数据库 user 表，可以看到 id=1 的记录信息修改成功。

（3）在数据表中删除记录。在数据表中删除记录使用 delete 语句，创建 7-4-delete.php 文件，添加代码如下：

```
<?php
$con=mysqli_connect("127.0.0.1","root","","phpDB",3306);
// 检查连接是否成功
if (!$con){
    exit("连接错误: " . mysqli_connect_error());
}
//连接成功 执行 delete 语句
$sql = "delete from 'user' where 'id'=1";
$res = mysqli_query($con,$sql);
```

```
var_dump($res);
if(!$res){
  exit("执行 sql 语句出错:".mysqli_error($con));
}
```

测试执行，浏览器输出 true，表明 SQL 语句执行成功，数据库 user 表中 id=1 的用户信息已经被删除。

（4）查询数据表记录。查询语句的执行也通过 mysqli_query()函数完成，执行成功后返回一个查询结果集对象 mysqli_result，该结果集对象并不能直接输出，需要通过结果集处理函数处理之后才能得到 PHP 能够正常处理的数据类型。常见的结果集处理函数及其作用见表 7-1。

表 7-1　结果集处理函数

结果集处理函数	描述	返回值
mysqli_num_rows($result,)	获取结果集中行数量	整型，代表查询记录的行数
mysqli_fetch_all($result, MYSQLI_ASSOC) mysqli_fetch_all($result, MYSQLI_NUM) mysqli_fetch_all($result, MYSQLI_BOTH)	获取结果集中所有数据，并以数组形式返回，第二个参数代表了返回数组的类型，默认返回索引类型	返回关联数组 返回索引数组 返回关联和索引数组
mysqli_fetch_array($result) mysqli_fetch_assoc($result) mysqli_fetch_row($result) mysqli_fetch_object($result)	只获取结果集中的一行数据，每执行一次自动指向下一行，并返回上一行数据	返回关联和索引数组 返回关联数组 返回索引数组 返回对象

接下来我们来编写程序测试一下结果集处理函数，创建文件 7-5-select.php，添加代码如下所示：

```
<?php
$con=mysqli_connect("127.0.0.1","root","","phpDB",3306);
$sql = "select * from user";
$res = mysqli_query($con,$sql);
echo '查询到结果数量:'.mysqli_num_rows($res).'<br/>';
$users1 = mysqli_fetch_all($res,MYSQLI_ASSOC);
$res = mysqli_query($con,$sql);
$users2 = mysqli_fetch_all($res,MYSQLI_NUM);
$res = mysqli_query($con,$sql);
$users3 = mysqli_fetch_all($res,MYSQLI_BOTH);
echo '<pre>使用 mysqli_fetch_all($res,MYSQLI_ASSOC)输出结果:<br>';
print_r($users1);
echo '<pre>使用 mysqli_fetch_all($res,MYSQLI_NUM)输出结果:<br>';
print_r($users2);
echo '<pre>使用 mysqli_fetch_all($res,MYSQLI_BOTH)输出结果:<br>';
print_r($users3);
```

运行访问，数据库表 user 中有两行记录，结果集处理函数处理后，显示查询效果如图 7-7所示。

小贴士　mysqli 还提供了其他方法处理结果集，在掌握常用方法基础上，读者可以查阅 PHP 手册，根据需要选用函数。

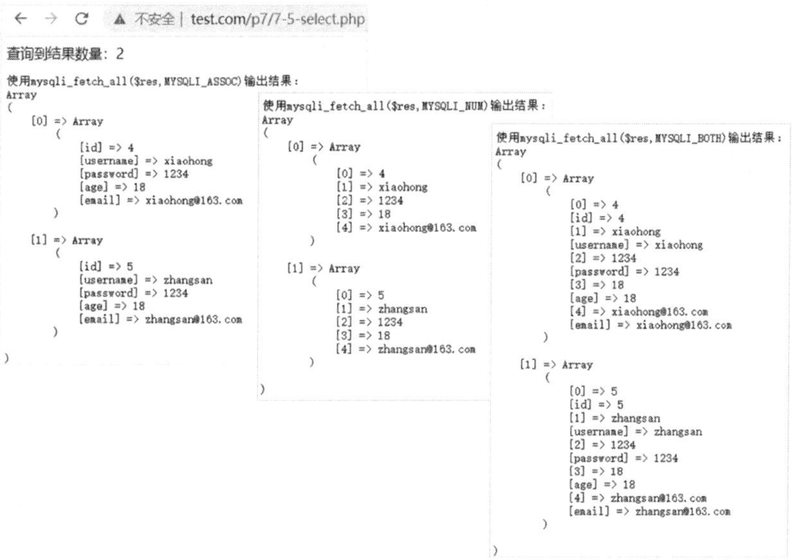

图 7-7　查询结果

【任务实施】

在学习了 mysqli 操作数据库相关函数之后，我们来完成任务。首先创建 book 数据表，使用 XAMPP 提供的命令行连接 MySQL 服务，使用数据库 phpDB，在数据库中创建数据表 book，创建命令如下所示：

```
create table book(
    id int primary key auto_increment,
    bookname varchar(32) not null,
    description varchar(100) not null,
    author varchar(10) not null,
    price tinyint not null
)engine myisam charset utf8;
```

创建好 book 表后，执行添加 SQL 语句，在数据表中添加若干条数据，如下所示：

```
insert into 'book' ('bookname', 'description', 'author', 'price') values
('程序员思维修炼','本书解释了为什么软件开发是一种精神活动,思考如何解决问题,并就开发人员如何能更好地开发软件进行了评论。书中不仅给出了一些理论上的答案,同时提供了大量实践技术和窍门','崔康 译',39),
('鸟哥的 Linux 的私房菜','本书是初学者学习 Linux 不可多得的一本入门好书,全面而详细地介绍了 Linux 操作系统。','鸟哥',88),
('HTTP 权威指南','HTTP 有很多应用,但最著名的是用于 web 浏览器和 web 服务器之间的双工通信,软硬件工程师也可以将本书作为 HTTP 及相关 web 技术的条理清楚的参考书使用','陈涓 译',109);
```

数据表及数据创建好后，编写程序连接数据库，查询数据表数据，创建文件 7-6-books.php，添加数据库查询代码如下所示：

```php
<?php
$con=mysqli_connect("127.0.0.1","root","","phpDB",3306);
// 检查连接是否成功
```

```
if (!$con){
    exit("连接错误: " . mysqli_connect_error());
}
// 执行查询所有操作
$sql = "select * from book";
$res = mysqli_query($con,$sql);
if(!$res){
  exit("执行 sql 语句出错:".mysqli_error($con));
}
// 处理结果集 获得所有书信息 存储在$books 数组
$books = mysqli_fetch_all($res,MYSQLI_ASSOC);
print_r($books);
?>
```

运行测试，数据库连接正确，执行 SQL 语句正确，能够输出查询到的结果。

接下来继续增加页面显示程序，将测试输出语句 print_r($books);注释掉，在 PHP 代码片段后增加静态页面程序，将查询出来的$books 数据显示在表格中，添加代码如下：

```
<!DOCTYPE html>
<html>
  <head>
        <meta charset="utf-8">
        <title>图书信息</title>
        <style>
                h2{ text-align: center;}
                table{
                        border-collapse: collapse;
                        width: 85%;
                        text-align: center;
                        margin: 0 auto;
                }
                th:nth-child(5){ width: 55%;}
                td:nth-child(5){ text-align: left;}
                td{ padding: 6px;}
        </style>
  </head>
  <body>
        <h2>图书信息</h2>
        <table border="1">
                <tr>
                        <th>Id</th>
                        <th>图书名</th>
                        <th>作者</th>
                        <th>价格/元</th>
                        <th>图书描述</th>
                        <th>编辑</th>
                        <th>删除</th>
                </tr>
                <?php
                foreach($books as $book){
                        echo '<tr>';
```

```
                    echo '<td>'.$book['id'].'</td>';
                    echo '<td>'.$book['bookname'].'</td>';
                    echo '<td>'.$book['author'].'</td>';
                    echo '<td>'.$book['price'].'</td>';
                    echo '<td>'.$book['description'].'</td>';
                    echo '<td>'."<a href="">编辑</a>".'</td>';
                    echo '<td>'."<a href="">删除</a>".'</td>';
                    echo '</tr>';
                }
            ?>
        </table>
    </body>
</html>
```

在显示图书信息程序代码中，通过 PHP 嵌入 HTML 形式，输出了 $books 变量中的数据，通过简单的 CSS 样式优化表格，测试运行显示效果如图 7-8 所示。

Id	图书名	作者	价格/元	图书描述	编辑	删除
1	程序员思维修炼	崔康译	39	本书解释了为什么软件开发是一种精神活动，思考如何解决问题，并就开发人员如何能更好地开发软件进行了评论。书中不仅给出了一些理论上的答案，同时提供了大量实践技术和窍门	编辑	删除
2	鸟哥的Linux的私房菜	鸟哥	88	本书是初学者学习Linux不可多得的一本入门好书，全面而详细地介绍了Linux操作系统。	编辑	删除
3	HTTP权威指南	陈涓译	109	HTTP有很多应用，但最著名的是用于web浏览器和web服务器之间的双工通信，软硬件工程师也可以将本书作为HTTP及相关web技术的条理清楚的参考书使用	编辑	删除

图 7-8　运行效果展示

【任务小结】

本任务使用 mysqli 扩展 mysqli_connect() 函数连接 MySQL 数据库，使用 mysqli_query() 函数执行 SQL 语句，使用 mysqli_fetch_all() 函数处理结果集，获取数据表的数据，结合静态页面技术优化显示结果，完成了常见的数据信息展示功能。通过本任务练习了 PHP 操作 MySQL 数据库的相关函数，以及与静态页面技术的综合使用，读者要熟练掌握 mysqli 操作数据库的常用函数。

任务 2　用预处理方式添加图书信息

【任务描述】

预处理和参数绑定在处理带"数据"的 SQL 语句时，更加高效和安全。本任务要求使用预处理方式实现添加图书的功能。编写表单，用户通过表单输入图书信息，单击"添加"按钮，将数据添加到数据表 book，并跳转到图书信息页面，能够看到添加的图书信息。

用预处理方式
添加图书信息

【任务分析】

任务完成需要了解预处理方式的工作原理，会使用预处理相关的函数，在开始任务之前，我们先一起学习相关的知识点。

【知识链接】

1. 预处理和参数绑定原理

在实际项目开发中，许多 SQL 语句并不能预先完全确定，需要根据用户的需求动态形成 SQL 语句。如通过 insert 语句添加数据时，insert into 'user' ('username', 'password', 'age', 'email') values(? , ? , ? , ?) 语句中问号部分，会由实际用户输入信息决定，是变化的内容。在任务 1 中，我们是通过字符串拼接的方式形成待执行的 SQL 语句，这种方式存在安全漏洞，安全性较差，容易导致 SQL 注入的风险。

使用预处理和参数绑定，可以实现 SQL 语句与数据的分离，通过创建 SQL 模板，将 SQL 语句中动态内容用 " ? " 占位，再通过参数绑定，将安全的数据参数绑定，最后执行获得结果。

预处理和参数绑定工作流程如下：

- 创建 SQL 语句模板并发送到数据库，如 insert into 'user' ('username', 'password', 'age', 'email') values(? , ? , ? , ?)。
- 数据库解析，对 SQL 语句模板执行查询优化。
- 绑定参数，将变量值传递给 "?"，数据库执行语句。

相比于直接执行 SQL 语句，预处理语句减少了分析时间，绑定参数减少了服务器带宽，只需要发送查询的参数，而不是整个语句，保证了数据的合法性，同时提高了安全性。

2. 预处理和参数绑定实现相关函数

（1）预处理 SQL 模板函数。预处理中的 SQL 模板使用 "?" 代替动态变化的数据，如下所示：

正常的 SQL 语句：

```
select * from 'user' where 'username'='zhangsan'
```

SQL 模板写法：

```
select * from 'user' where 'username'=?
```

PHP 使用 mysqli_prepare()函数预处理 SQL 模板语句，函数语法如下：

```
mysqli_prepare ($con , $sql)
```

其中$con 代表数据库连接，$sql 代表待处理的 SQL 模板，函数执行后返回一个 mysqli_stmt 预处理对象，执行失败时返回 false。

（2）参数绑定函数。执行 SQL 语句之前，先要执行参数绑定操作，将数据与 SQL 模板中的 "?" 进行绑定。执行绑定的函数是 mysqli_stmt_bind_param()，函数语法如下：

```
mysqli_stmt_bind_param( $stmt , $types , $param1, $param2, …])
```

第一个参数$stmt 是预处理函数返回的预处理对象，第二个参数是字符串类型，代表了 SQL 模板中待绑定参数的参数类型，如$types 值是 si 表示有两个参数需要绑定，第一个参数类型是字符串，第二个参数类型是整型，不同字符与数据类型的对应关系见表 7-2。剩余参数为需要绑定的变量，变量个数与 SQL 模板中的 "?" 数目一致。函数返回值是布尔类型，绑定成功返回 true，绑定失败返回 false。

表 7-2　参数类型对应关系

类型字符	对应绑定参数数据类型
s	string 字符串类型
i	integer 整型
d	double 双精度浮点型
b	blob 二进制大对象

为了更好地理解函数语法，我们通过代码片段演示说明 mysqli_stmt_bind_param()函数的使用，代码如下：

```
$con=mysqli_connect("127.0.0.1","root","","phpDB",3307);
//SQL 模板
$sql = "update 'user' set 'age'=? , 'email'=? where 'id'=?";
//预处理 SQL 模板
$stmt = mysqli_prepare($con,$sql);
//参数绑定，将 3 个变量$age、$email、$id 按顺序依次绑定到 SQL 语句 3 个"?"位置
mysqli_stmt_bind_param($stmt, 'isi', $age, $email, $id);
```

（3）预处理执行函数。参数绑定完成后，可以给参数传值，并调用预处理函数执行 SQL 语句。预处理执行函数是 mysqli_stmt_execute ($stmt)，该函数参数是预处理 SQL 模板 mysqli_prepare()函数返回的预处理对象，该函数返回布尔类型，SQL 语句执行成功返回 true，执行失败返回 false。

接下来我们通过一个完整的例子演示预处理和参数绑定相关函数的使用，创建文件 7-7-prepare.php，通过预处理方式实现对 user 表数据的修改，添加代码如下：

```
<?php
$con=mysqli_connect("127.0.0.1","root","","phpDB",3307);
//SQL 模板
$sql = "update 'user' set 'age'=?, 'email'=? where 'id'=?";
//预处理 SQL 模板 获得预处理对象
$stmt = mysqli_prepare($con,$sql);
if(!$stmt){
    exit("执行 sql 语句参数绑定出错:".mysqli_error($con));
}
//参数绑定 将 3 个变量$age、$email、$id 按顺序依次绑定到 SQL 语句 3 个"?"位置
mysqli_stmt_bind_param($stmt, 'isi', $age, $email, $id);
//给参数赋值
$age = 19;
$email = 'xh@qq.com';
$id = 4;
//执行预处理
mysqli_stmt_execute($stmt);
//给参数赋值
$age = 20;
$email = 'zs@qq.com';
```

```
$id = 5;
//再次执行预处理
mysqli_stmt_execute($stmt);
```

测试运行，预处理执行 update 语句运行成功，检查数据库数据记录，可以看到对应 id 列的记录内容进行了更新。

 mysqli 预处理方式还提供了许多函数，可以实现更多的功能，在了解了预处理参数绑定基本原理和常用函数后，读者可以查阅 PHP 手册，根据需要选用其他的函数。

【任务实施】

在学习了 mysqli 预处理原理和实现之后，我们来完成添加图书的任务。首先编写添加图书信息的表单，创建文件 7-8-addbook.php，添加表单代码如下所示：

```html
<!DOCTYPE html>
<html>
  <head>
        <meta charset="utf-8">
        <title>添加图书</title>
        <style>
                h2{text-align: center;}
                form{
                        width: 70%;
                        margin: 0 auto;
                }
                input[type='text']{width: 80%;}
                input[type='submit']{margin: 0 50%;}
                textarea{width: 100%;}
        </style>
  </head>
  <body>
        <h2>添加图书</h2>
        <form action="" method="post">
                书名:<input type="text" name="bookname"> <br />
                作者:<input type="text" name="author"> <br />
                价格:<input type="text" name="price"> <br />
                描述:<textarea name="description" cols="30" rows="10"> </textarea> <br />
                <input type="submit" value="添加">
        </form>
  </body>
</html>
```

测试运行可以看到图书添加表单，用户可以在表单中添加图书信息，表单运行如图 7-9 所示。

用户输入图书信息后，单击"添加"按钮将图书信息添加到数据库表 book 中，添加成功后跳转到图书信息页面。我们继续在 7-8-addbook.php 页面中，添加处理信息的 PHP 代码，添加代码如下：

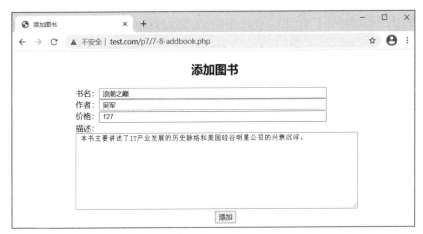

图 7-9   添加图书页面

```php
<?php
$method = $_SERVER['REQUEST_METHOD'];
if($method == 'POST'){
  //获取添加信息
  $bookname = isset($_POST['bookname'])?$_POST['bookname']:null;
  $author = isset($_POST['author'])?$_POST['author']:null;
  $price = isset($_POST['price'])?$_POST['price']:null;
  $description = isset($_POST['description'])?$_POST['description']:null;
  //验证输入信息不为空
  if( $bookname && $author && $price && $description){
        $con=mysqli_connect("127.0.0.1","root","","phpDB",3307);
        //SQL 模板
        $sql = "insert into 'book' ('bookname', 'description', 'author', 'price') values(?,?,?,?)";
        //预处理 SQL 模板
        $stmt = mysqli_prepare($con,$sql);
        if(!$stmt){
                exit("执行 sql 语句参数绑定出错:".mysqli_error($con));
        }
        //将 3 个变量$age、$email、$id 按顺序依次绑定到 SQL 语句 3 个"?"位置
        mysqli_stmt_bind_param($stmt,'sssi',$bookname,$description,$author,$price);
        //执行预处理
        $res =mysqli_stmt_execute($stmt);
        if($res){
                echo "<script>alert('添加成功!跳转到图书信息页面...');</script>";
                header("Refresh:0;url='./7-6-books.php'");
        }else{
                echo "<script>alert('添加失败!重新输入信息!');</script>";
        }
  }else{
        echo "<script>alert('请输入信息!');</script>";
  }
}
```

在添加图书逻辑处理中，使用$_SERVER['REQUEST_METHOD']获取请求方式，如果返回 POST，则代表用户单击了"添加"按钮，获取用户输入信息，使用预处理和参数绑定方式添加图书信息。根据预处理执行结果，添加成功提示并跳转到图书信息页面，可以看到已添加信息，如图 7-10 所示。

图书信息

Id	图书名	作者	价格/元	图书描述	编辑	删除
1	程序员思维修炼	崔康 译	39	本书解释了为什么软件开发是一种精神活动，思考如何解决问题，并就开发人员如何能更好地开发软件进行了评论。书中不仅给出了一些理论上的答案，同时提供了大量实践技术和窍门	编辑	删除
2	鸟哥的Linux的私房菜	鸟哥	88	本书是初学者学习Linux不可多得的一本入门好书，全面而详细地介绍了Linux操作系统。	编辑	删除
3	HTTP权威指南	陈涓 译	109	HTTP有很多应用，但最著名的是用于web浏览器和web服务器之间的双工通信，软硬件工程师也可以将本书作为HTTP及相关web技术的条理清楚的参考书使用	编辑	删除
4	浪潮之巅	吴军	127	本书主要讲述了IT产业发展的历史脉络和美国硅谷明星公司的兴衰沉浮。	编辑	删除

图 7-10　图书信息展示页面

【任务小结】

本任务练习了使用 mysqli 预处理参数绑定方式操作 MySQL 数据库，使用 insert 语句实现了数据添加功能，并综合静态页面知识优化页面布局，结合图书信息页面，完成了从信息添加到查看所有信息的完整功能，读者可在此基础上，继续完成图书信息编辑和删除功能。

项目拓展　会员登录数据库数据验证

会员登录数据库
数据验证

【项目分析】

在项目 6 中实现了会员登录的部分功能，在学习了 PHP 操作 MySQL 数据库之后，我们将登录数据验证部分功能添加上，实现会员登录表单数据与数据库数据的统一。

【项目实施】

在任务 1 中我们已经创建好了数据表 user，在数据表中添加部分测试数据，如图 7-11 所示。

```
+----+-----------+----------+-----+----------------+
| id | username  | password | age | email          |
+----+-----------+----------+-----+----------------+
|  4 | xiaohong  | 1234     |  19 | xh@qq.com      |
|  5 | zhangsan  | 1234     |  20 | zs@qq.com      |
|  6 | xiaohei   | 4321     |  18 | xiaohei@163.com|
|  7 | xiaoli    | 89ab     |  20 | xiaoli@qq.com  |
+----+-----------+----------+-----+----------------+
```

图 7-11　user 表数据

修改 dologin.php 处理登录逻辑代码如下所示：

```php
<?php
//开启 Session
session_start();
//获取用户信息
$username = isset($_POST['username'])?$_POST['username']:null;
$password = isset($_POST['password'])?$_POST['password']:null;
//判断用户登录信息是否为空
if(!$username || !$password){
    echo "<script>alert('请输入登录信息!');</script>";
    header("Refresh:0;url='./login.php'");
}else{
    //验证登录信息
    $con=mysqli_connect("127.0.0.1","root","","phpDB",3307);
    //SQL 模板
    $sql = "select * from user where username=? and password=?";
    //预处理 SQL 模板
    $stmt = mysqli_prepare($con,$sql);
    mysqli_stmt_bind_param($stmt,'ss',$username,$password);
    //执行预处理
    mysqli_stmt_execute($stmt);
    mysqli_stmt_store_result($stmt);
    //获取查询记录数
    $num = mysqli_stmt_num_rows($stmt);
    if($num<1){
        //验证失败,重新登录
        exit('用户名或密码有误！点击此处 <a href="javascript:history.back(-1);">返回</a> 重试');
    }else{
        //用户名存储到 Session
        $_SESSION['username'] = $username;
        //跳转到主页
        echo "登录成功 3 秒后跳转到<a href='./index.php'>主页</a>......";
        header("Refresh:3;url='./index.php'");
    }
}
```

在登录验证页面中，增加代码实现了数据库交互，根据用户输入的登录信息执行查询语句，其中使用 mysqli_stmt_store_result($stmt)和 mysqli_stmt_num_rows($stmt)函数获得查询结果的记录数。根据查询结果的记录数，判断用户名和密码是否正确。

打开浏览器进入登录页面，输入用户名和密码后单击"登录"，进行登录验证。如果用户名和密码正确，会提示登录成功并自动跳转到主页，如果用户名和密码与数据库信息不一致，则会提示用户名或密码有误并返回登录页面，如图 7-12 所示。

图 7-12　运行效果展示

思考与练习

一、单选题

1. 连接 MySQL 数据库的正确方法是（　　）。

    A．mysql_open("localhost","root","root");

    B．mysql_connect("localhost","root","root");

    C．connect_mysql("localhost","root","root");

    D．dbopen("localhost","root","root");

2. 使用 mysqli_query()方法查询，返回一个结果集，不能使用下列（　　）方法解析。

    A．fetch_row();　　　B．fetch_all();　　　C．fetch_array();　　　D．fetch_object();

3. 以下代码的执行结果是（　　）。

```php
<?php
mysql_connect("localhost","root","");
$result= mysql_query("select id,namefrom tb1");
while($row=mysql_fetch_array($result,MYSQL_ASSOC)) {
echo"ID:" . $row[0] ."Name:" . $row[];
}
?>
```

    A．循环换行打印全部记录　　　　　　B．只打印第一条记录

    C．报错　　　　　　　　　　　　　　D．无任何结果

4. mysql_connect()与@mysql_connect()的区别是（　　）。

    A．@mysql_connect()不会忽略错误，将错误显示到客户端

    B．mysql_connect()不会忽略错误，将错误显示到客户端

    C．没有区别

    D．功能不同的两个函数

5. 查阅 PHP mysqli 参考手册，如果想取得最近一条查询的信息，应该使用函数（　　）。

    A．mysql_insert_id( )　　　　　　　　B．mysql_stat()

    C．mysql_info()　　　　　　　　　　　D．mysql_free_ result()

二、多选题

1. 以下关于 mysqli 预处理描述正确的是（　　）。

    A．使用预处理方式执行 SQL 语句更加安全

    B．使用预处理方式执行 SQL 语句更加快速

    C．SQL 模板中使用 "？" 占位

    D．SQL 模板中可以没有 "？"

2. 以下参数绑定函数调用语法正确的是（　　）。

    A．mysqli_stmt_bind_param ($stmt, 'ss', $name, $password)

    B．mysqli_stmt_bind_param ($stmt, 'si', $age, $name)

　　C．mysqli_stmt_bind_param ($stmt, 'si', $name, $age)

　　D．mysqli_stmt_bind_param ($stmt, 'sis', $age, $name)

3．mysqli 错误输出函数有（　　）。

　　A．mysqli_connect_error()　　　　　　B．mysqli_error($con)

　　C．mysqli_errno($con)　　　　　　　　D．mysqli_connect_error($con)

三、判断题

1．mysqli 是 PHP 操作数据库的一个扩展，既支持面向对象，也支持面向过程。（　　）

2．使用 mysqli_connect() 函数打开一个到 MySQL 服务器的新的连接，可以不指定打开的数据库。　　　　　　　　　　　　　　　　　　　　　　　　　　　　　　　　（　　）

3．mysqli_query()函数只能执行 select 语句。　　　　　　　　　　　　　　　（　　）

四、实操题

　　在任务 2 基础上，完成图书信息的编辑和删除功能。单击图书列表的"编辑"超链接，进入编辑图书界面，修改图书信息后，单击"提交"进行信息修改，并跳转到图书列表界面，可以看到修改后的图书信息。单击"删除"按钮，删除列表对应行图书信息。

项目 8　用面向对象方式操作数据库

PHP 支持面向对象和面向过程两种编程方式，本项目主要讲解 PHP 面向对象编程的基础知识，讲解在 PHP 中如何定义类、实例化对象、设置访问属性等面向对象编程基础，并通过封装 DB 类、用 mysqli 的面向对象方式实现图书信息查询、用 PDO 方式实现图书信息添加 3 个任务综合练习，使读者掌握 PHP 面向对象方式操作数据库。

- 掌握 PHP 面向对象基本语法
- 掌握 mysqli 面向对象实现方式
- 掌握 PDO 相关类和方法
- 掌握使用 PDO 操作数据库

任务 1　封装 DB 类

封装 DB 类

【任务描述】

在实际项目中进行数据库操作时，经常需要编写数据库辅助文件，将数据库的基本操作封装起来，减少重复代码，本任务要求在 mysqli 的使用基础上封装 DB 类，简化项目中的数据库操作代码。

【任务分析】

任务要求封装 DB 类，需要使用 PHP 面向对象的基础知识，在开始任务之前，我们先一起学习如何在 PHP 中编写类。

【知识链接】

1. 面向对象编程思想

面向对象与面向过程的解决问题思路不同，在面向过程中要解决一个问题，先拆解步骤，通过函数编程实现每一个步骤，最后顺序调用函数解决问题。面向对象思想在解决问题时，分析解决问题的步骤，抽取并设计类，编程时先考虑每个步骤任务的实现归属哪个类，通过顺序调用不同类的成员属性和方法，最后解决问题。

在 PHP 中，面向对象的实现就好像给函数加了一层类归属，在调用时，通过访问类成员的方式去调用。在一些简单的功能中，面向过程编程更加简单好理解，但是当业务复杂，代码量大了之后，面向对象思想能够更加方便地实现代码的重复利用，所以在 PHP 框架中面向对象编程使用更加广泛，PHP 开发者对于两种编程风格都应该掌握。

2. 类的创建与实例化

面向对象编程的核心概念就是类，类是相同属性和方法的集合，类的概念比较抽象，最好的理解方式是通过代码去实现。

（1）类的定义。在 PHP 中类的定义语法如下：

```
class 类名
{
    //类的成员属性
    //类的成员方法
}
```

在定义类名时，虽然类名不区分大小写，但规范的写法为类名单词首字母大写，不能用关键字，命名还需符合 PHP 标识符的命名规范。

在类中写的内容属于类的成员，成员的写法是有规范的。首先类的成员有两种，一种是属性成员，一种是方法成员。

属性也叫成员变量，与原来面向过程定义变量类似，只不过在类里，变量前面要添加访问修饰符，限定该成员变量的可访问范围。

方法也叫成员方法，与原来面向过程定义函数类似，在类里定义方法，需要在函数前面添加访问修饰符，限定该成员方法的可访问范围。

访问修饰符有 3 种，见表 8-1。在定义类的成员时，可以不写访问修饰符，默认为 public。

表 8-1　访问修饰符及其作用描述

访问修饰符	作用描述
public	公有的，可以在类的内部和外部访问
private	私有的，只能在类的内部访问
protected	受保护的，只能在类的内部和子类中访问

在学习了类的基本概念和类成员后，我们编程演示类的定义。创建文件 8-1-person.php，定义一个 Person 类，如下所示：

```php
class Person{
    //Person 类的成员属性
    public $name;
    public $age;
    //Person 类的成员方法
    public function sayHi(){
        echo '大家好！';
    }
}
```

在 Person 类中，定义了两个成员属性和一个成员方法，两个成员属性存储姓名和年龄，成员方法 sayHi()输出一行语句。

（2）类的实例化与成员访问。现在类 Person 已经定义好，如果想要测试执行该类，还要添加实例化代码，创建该类的对象，通过对象去调用属性和方法。对象也称类的实例，类的实例化可以理解为从概念到具体实现。创建类实例的语法是：$对象名 ＝ new 类名()。

创建了对象实例，就可以通过对象调用类的公有成员。

通过对象访问公有成员的语法是：$对象名->属性名，$对象名->方法名()。

接下来修改 8-1-person.php，在 Person 类定义后，继续添加实例化代码如下：

```
$p=new Person();          //创建对象$p
$p->name='张三';          //访问类成员属性 name,并赋值
$p->age=18;               //访问类成员属性 age,并赋值
$p->sayHi();              //访问类成员方法
```

测试运行可以看到 sayHi()方法输出的"大家好！"。

（3）$this 类内部访问成员。通过对象可以实现在类的外部访问类的成员属性和方法，如果想要在类内部访问类的成员，该如何进行访问呢？PHP 提供了 $this 这个内部对象，通过使用$this->成员，在类内部访问成员。

修改 Person 类，在 sayHi()方法中调用 name 和 age 属性，类声明代码修改如下所示：

```
class Person{
  //Person 类的成员属性
  public $name;
  public $age;
  //Person 类的成员方法
  public function sayHi(){
        echo '大家好,我是'.$this->name.',我今年'.$this->age.'岁！';   //类内部访问成员
  }
}
```

在 sayHi()方法中，通过$this 对象调用成员属性,添加实例化代码,再次运行可以看到 sayHi()方法输出了对象的成员属性值。

程序运行过程中，$this 指向的是实际调用时的对象，哪个对象调用了类的属性或方法，$this 指向的就是哪个对象。在 Person 类添加实例化代码，如下所示，分别输出了各自对象的属性值。

```
$p1=new Person();         //创建对象$p1
$p1->name='张三';
$p1->age=18;
$p1->sayHi();             //调用 p1 对象的 sayHi()方法,输出 p1 的成员属性

$p2=new Person();         //创建对象$p2
$p2->name='李四';
$p2->age=19;
$p2->sayHi();             //调用 p2 对象的 sayHi()方法,输出 p2 的成员属性
```

3. 构造方法

构造方法也叫构造函数，在实例化对象时，系统会自动调用并执行构造方法，完成初始化工作。

构造方法也可以不写，PHP 在实例化对象时，会自动生成一个没有参数，没有具体操作的默认构造方法。一旦在类中显式声明了构造方法，默认的构造方法就不存在了。

构造方法的语法如下：

```
public function __construct(参数)
{
//方法体
}
```

其中 public 可以省略，构造方法默认访问修饰符就是 public。在 PHP 中构造方法名__construct 是固定的不可以被修改。

接下来通过程序进行演示，创建文件 8-2-construct.php，重新编写 Person 类，给 Person 类添加显式声明的构造方法，并在构造方法中完成对象属性的赋值，代码如下所示：

```
class Person{
  public $name;
  public $age;
  //构造方法
  public function __construct($name,$age){
        $this->name = $name;
        $this->age = $age;
  }
  public function sayHi(){
        echo '大家好,我是'.$this->name.',我今年'.$this->age.'岁！';
  }
}
```

继续添加实例化代码，如下所示：

```
$p = new Person('Tom',18);
$p->sayHi();
```

测试运行输出"大家好,我是 Tom,我今年 18 岁！"。

当通过 new 关键字实例化对象时，就会调用类的构造方法__construct()，在当前 Person 的构造方法中有两个参数，构造方法接收参数并将其赋值给成员属性，所以当通过对象调用 sayHi()方法时，输出了对象的姓名和年龄。

结合 PHP 参数默认值设置，可以实现可变参数的构造方法，修改 Person 类的构造方法代码如下所示：

```
//构造方法
  public function __construct($name='Jim',$age=19){
        $this->name = $name;
        $this->age = $age;
  }
```

修改实例化代码如下所示：

```
$p1 = new Person();              //无参调用
$p1->sayHi(); echo '<br/>';
$p1 = new Person('Tom');         //传递一个参数调用
$p1->sayHi(); echo '<br/>';
$p1 = new Person('Lily',20);     //传递两个参数调用
$p1->sayHi(); echo '<br/>';
```

测试运行，输出效果如图 8-1 所示。

> 大家好，我是Jim，我今年19岁！
> 大家好，我是Tom，我今年19岁！
> 大家好，我是Lily，我今年20岁！

图 8-1　构造方法调用情况

从运行结果可以看出，当通过 new 关键字实例化对象调用构造方法时，可以传递参数，也可以不传递参数，当参数缺省时，将使用默认值。

4. 析构方法

析构方法又称析构函数，当对象被销毁的时候自动调用该方法。不同于构造方法，析构方法不能带有参数。析构方法一般不需要手动调用，当 PHP 脚本执行结束自动释放对象时，就会自动调用。执行 unset()函数释放对象，或者将对象指向 NULL，对象被销毁时也会调用析构方法。

析构方法的定义语法如下（public 关键字可以省略）：

```php
public function __destruct()
{
//方法体
}
```

接下来通过程序进行演示，创建 8-3-destruct.php，重新编写 Person 类，添加析构方法，代码如下：

```php
class Person{
    public $name;
    public $age;
    //构造方法
    public function __construct($name,$age=18){
        $this->name=$name; $this->age = $age;
        echo "调用构造方法,对象 $name 被创建...<br/>";
    }
    //析构方法
    public function __destruct(){
        echo "正在调用析构方法,对象 ".$this->name." 被销毁...<br/>";
    }
    public function sayHi(){
        echo '大家好,我是'.$this->name.',我今年'.$this->age.'岁！ <br/>';
    }
}
```

声明类后，继续添加实例化对象代码如下所示：

```php
$p1 = new Person('Tom');
$p2 = new Person('Jim');
$p3 = new Person('Lily');
$p1->sayHi(); //脚本执行完毕,释放对象,自动调用析构方法
```

测试运行，输出内容如图 8-2 所示。可以看出当最后一行 PHP 代码执行完毕，对象被释放，析构方法被自动调用，输出对应对象被销毁。

```
调用构造方法, 对象 Tom 被创建...
调用构造方法, 对象 Jim 被创建...
调用构造方法, 对象 Lily 被创建...
大家好, 我是Tom, 我今年18岁!
正在调用析构方法, 对象 Lily 被销毁...
正在调用析构方法, 对象 Jim 被销毁...
正在调用析构方法, 对象 Tom 被销毁...
```

图 8-2　析构方法调用情况

5. 静态成员

静态成员是类的特殊成员，不特殊指定情况下，类的成员都是非静态成员。非静态成员只属于当前运行的对象，静态成员可以被类的所有对象所共享。

静态成员在类中的声明语法如下：

```
public static  属性;
public static  方法名(){}
```

通过使用 static 关键字声明为静态成员后，就可以通过类名直接访问成员，通过类名访问语法如下：

```
类名::$属性;
类名::方法名();
```

在类内部调用静态成员使用关键字 self，调用语法如下：

```
self::$静态属性;
self::静态方法();
```

创建文件 8-4-static.php，创建类 Person，添加静态成员属性和方法。在 Person 类中定义一个静态成员$country 并赋值，定义一个静态方法 sayCountry()，在静态方法中调用静态成员属性。

带静态成员的 Person 类声明代码如下所示：

```
class Person{
  public $name;
  // 定义静态成员属性
     public static $country = "中国";
     // 定义静态成员方法
     public static function sayCountry() {
        // 内部访问静态成员属性
        echo "我是".self::$country."人<br />";
     }
}
```

继续添加代码，通过类名访问静态成员，添加代码如下：

```
echo Person::$country;
echo '<br/>';
Person::sayCountry();
```

测试运行，浏览器输出效果如图 8-3 所示，静态成员可通过类名直接访问。

```
中国
我是中国人
```

图 8-3　静态成员的访问

6. 类的继承

继承体现了类的层次关系，PHP 支持单继承，即一个类最多只能继承自一个父类。子类继承父类的属性和方法，增强了代码的可重用性。类在声明时可以使用关键字 extends，指明继承自哪个父类。

创建文件 8-5-extends.php，编写 Person 类和 Student 类，其中 Student 类继承 Person 类。代码如下所示：

```
class Person{
  public $name;
  public $age;
  public function sayHi(){
        echo '大家好,我是'.$this->name.',我今年'.$this->age.'岁！';
  }
}
//定义子类 Student 继承父类 Person
class Student extends Person{
  public $stuNo;
}
```

在类声明中，Student 类继承自 Person 类，Student 类是子类，Person 类是父类，子类继承父类的属性和方法，添加 Student 的实例化代码，如下所示：

```
$stu = new Student();
$stu->name='小明';
$stu->age=18;
$stu->stuNo='2021060101';
$stu->sayHi();
```

测试运行，浏览器输出"大家好，我是小明，我今年 18 岁！"，子类可以通过实例化对象访问父类公有成员，子类继承了父类的成员和方法。

子类内部也可以访问父类的公有成员，修改子 Student 类，重新定义 sayHi()方法，修改 Student 类代码如下：

```
class Student extends Person{
  public $stuNo;
  //定义 stuSayHi()方法
  public function stuSayHi(){
        $this->sayHi();   //调用父类成员方法
        echo '我的学号是'.$this->stuNo.'。';
  }
}
```

测试运行，浏览器输出"大家好,我是小明,我今年 18 岁！我的学号是 2021060101。"

子类可以通过$this->方法名，访问父类 public 和 protected 修饰的方法，方法名需与子类中方法不同。在子类内部访问父类的成员属性，也可以通过$this->属性名，进行访问。

7. 命名空间

命名空间是现代 PHP 特性之一，从 PHP 5.3.0 开始引入，其作用是将 PHP 代码按照一种虚拟的层次结构进行组织，这种结构类似于操作系统中文件系统的目录结构。命名空间的引入解决了 PHP 命名冲突的问题。

通常在 PHP 项目开发中，除了使用自己的代码以外，往往会使用很多其他的 PHP 组件。这些组件代码可能会使用相同的类名、接口名、函数或者常量名等，如果不使用命名空间就会导致命名冲突，使 PHP 执行出错。而将代码放到各自唯一的命名空间中，我们的代码就可以和其他开发者使用相同的类名、接口名、函数名或者常量名等，这在团队合作中相当重要。

命名空间的声明需要遵守一定的规范，必须在<?php 标签后的第一行声明，声明语句以 namespace 开头，随后是一个空格，然后是命名空间的名称，最后以分号结尾。

接下来我们通过代码进行演示，创建文件 8-6-namespace.php，编写类 Person，并声明一个命名空间 App\Http\Model，代码如下所示：

```php
<?php
namespace App\Http\Model;

class Person{
  public $name;
  public $age;
  public function sayHi(){
        echo '大家好,我是'.$this->name.',我今年'.$this->age.'岁！';
  }
}
```

创建文件 8-7-use.php，编写 Student 类继承自 Person 类，并声明命名空间，添加代码如下所示：

```php
<?php
namespace App\Http\Model;

require './8-6-namespace.php';
class Student extends Person{
  public $stuNo;
  //定义 stuSayHi()方法
  public function stuSayHi(){
        $this->sayHi();   //调用父类成员方法
        echo '我的学号是'.$this->stuNo.'。';
  }
}
```

两个类定义文件中，声明的命名空间相同，所以在 Student 类定义中可以找到 Person 类，通过 require 引入文件后可以直接使用。

在 Student 类定义后，添加测试代码，如下所示：

```php
$stu = new Student();
$stu->name='小明';
$stu->age=18;
$stu->stuNo='2021060101';
$stu->stuSayHi();
```

测试运行，浏览器输出"大家好，我是小明，我今年 18 岁！我的学号是 2021060101。"

当命名空间不同时，即处在不同的虚拟层次空间下，再引用时则需要使用 use 关键字导入命名空间。

继续创建文件 8-8-test.php，声明不同的命名空间，并实例化 Student 类，调用对象属性和方法，代码如下所示：

```php
<?php
namespace App\Test;            //声明不同命名空间
use App\Http\Model\Student;    //导入其他命名空间

require './8-7-use.php';
$stu = new Student();
$stu->name='小明';
$stu->age=18;
$stu->stuNo='2021060101';
$stu->stuSayHi();
```

测试运行，同样可以输出"大家好，我是小明，我今年 18 岁！我的学号是 2021060101。"通过使用 use App\Http\Model\Student;语句，导入不同命名空间下的类 Student，实例化对象，相关属性和方法能够正常访问。

【任务实施】

在学习了 PHP 面向对象基础知识后，我们开始完成封装 DB 类的任务，并以针对数据表 user 的操作为例进行演示。

创建文件 8-9-DB.php，编写 DB 类将常用的 mysqli 数据库操作进行封装，添加代码如下所示：

```php
<?php
class DB{
  public $con;
  //构造方法 初始化数据库连接
  public function __construct(){
        $this->con = mysqli_connect("127.0.0.1","root","","phpDB",3306);
  }
  //执行查询语句 返回查询数组结果
  public function getAllUsers(){
        $sql = "select * from user";
        $res = mysqli_query($this->con, $sql);
        $books = mysqli_fetch_all($res, MYSQLI_ASSOC);
        return $books;
  }
  //执行添加语句 返回布尔类型执行结果
  public function addUser ($username, $password, $age, $email){
        $sql = "insert into 'user' ('username', 'password', 'age', 'email') values(?,?,?,?)";
        $stmt = mysqli_prepare($this->con, $sql);
        mysqli_stmt_bind_param($stmt,'ssis', $username, $password, $age, $email);
        return mysqli_stmt_execute($stmt);
  }
}
```

在 DB 类中定义了一个成员属性$con，用来存储数据库连接对象。构造方法中完成了数据库连接和$con 的初始化，两个成员方法 getAllUsers()和 addUser()分别实现了查询和添加功能。

创建测试文件 8-10-DBtest.php，实例化 DB 类，调用查询和添加方法，添加代码如下所示：

```php
<?php
require './8-9-DB.php';
$db=new DB();
//输出 user 表中所有数据
print_r($db->getAllUsers());
$res=$db->addUser('tom','123456',19,'tom@xx.com');
//添加成功输出 true
var_dump($res);
```

测试运行，DB 类实例化成功，输出表中所有用户的信息，添加用户成功输出布尔值 true。

【任务小结】

本任务利用 PHP 面向对象知识，编写了数据库操作的辅助类 DB，简单演示了在 DB 类中封装几个常用数据库操作的方法。在下个任务中，学习 mysqli 的面向对象实现方式后，读者可以对 DB 类进行改进。

任务 2　用 mysqli 的面向对象方式实现图书信息查询

【任务描述】

本任务要求使用 mysqli 面向对象方式，结合静态页面知识完成图书信息的查询和展示，将查询出来的图书信息以表格方式展示在浏览器中。

用 mysqli 的面向
对象方式实现图
书信息查询

【任务分析】

任务要求使用 mysqli 面向对象方式，需要先了解 mysqli 提供了哪些相关类及其方法，我们先学习相关的知识点。

【知识链接】

1. MySQLi 类实例化

在面向对象方式的 mysqli 中，核心类是 MySQLi，与数据库相关的操作函数和变量都以成员方法和属性形式封装在该类中。

MySQLi 类通过构造方法完成数据库连接，在实例化对象时传递数据库连接相关参数，语法为：new MySQLi (host, username, password, dbname, port, socket)，6 个参数都是可选参数，前 5 个参数分别设置数据库服务器主机地址、用户名、密码、数据库名、端口号，最后一个参数是 Linux 系统环境配置。

创建文件 8-11-mysqli.php，实例化 MySQLi 对象，完成数据库连接初始化，代码如下所示：

```php
<?php
//实例化 MySQLi 对象,连接数据库
$mysqli= new MySQLi('localhost','root','','phpDB',3306); //类名不区分大小写
//判断连接是否成功
if($mysqli->connect_error){
    exit('连接出错'.$mysqli->connect_error);
}
```

```
echo '连接成功';
```

使用$mysqli 存储返回的数据库连接对象,通过$mysqli 对象的 connect_error 属性是否为 NULL 判断连接是否出错,如果出错则输出错误信息。

测试运行,浏览器输出"连接成功"。

mysqli 对象的 set_charset( )方法可以设置客户端与数据库服务器进行数据传送时使用的默认字符集,如果传输数据带中文时,常常需要使用该方法设置默认字符集为 utf8。

2. mysqli 面向对象方式操作数据库

(1)实现数据添加。面向对象 mysqli 通过 mysqli 对象的 query()方法执行 SQL 语句,当执行的 SQL 语句是 insert、update 或者 delete 时,query()方法返回布尔值,代表是否添加成功。通过 mysqli 对象的 insert_id 属性可以获得插入成功时自增的主键 ID,affected_rows 属性可以返回受影响的行数。

在 8-11-mysqli.php 中继续添加代码,实现在 user 表中添加一行数据,添加成功后输出自增的主键 id 和执行 SQL 语句影响的行数,如果添加失败,通过 errno 和 error 属性输出错误信息。代码如下所示:

```
//执行 SQL 语句
$sql = "insert into 'user' ('username', 'password', 'age', 'email')
        values('Jim','1234',18,'Jim@163.com')";
$res = $mysqli->query($sql);    //执行 SQL 语句成功返回 true,失败返回 false
if($res){
    echo "自增主键 ID:".$mysqli->insert_id;
    echo "<hr/>";
    echo "执行 sql 语句影响行数:".$mysqli->affected_rows;
}else{
    //执行失败 输出错误编号和错误信息
    echo "执行失败  错误信息:".$mysqli->errno.":".$mysqli->error;
}
```

测试运行,添加成功,浏览器输出自增主键和影响行数结果 1,检查数据库 user 表可以看到添加的记录。

(2)实现数据修改。修改 8-11-mysqli.php 执行的 SQL 语句,改为执行 update 语句,将 id 小于 10 的用户的 password 重置为 6 个 0,修改后的代码如下:

```
//执行 SQL 语句
$sql = "update 'user' set 'password'='000000' where id<10";
$res = $mysqli->query($sql);    //执行成功返回 true,添加失败返回 false
if($res){
    echo "执行 sql 语句影响行数:".$mysqli->affected_rows;
}else{
    //执行失败则输出错误编号和错误信息
    echo "执行失败  错误信息:".$mysqli->errno.":".$mysqli->error;
}
```

测试运行,执行数据修改成功,输出修改记录的行数,检查数据库 user 表可以看到对应数据记录的密码进行了重置。

数据删除 delete 语句的执行代码与 update 语句类似,将$sql 值换成 delete 语句,测试执行可以输出影响行数即删除的数据行数。

（3）实现数据查询。查询语句执行也是通过 mysqli 对象的 query()方法完成。当执行的 SQL 语句是 select 时，执行成功后，query()方法返回一个 mysqli_result 对象，代表从数据库中查询获取的结果集。

mysqli_result 类用于保存 mysqli->query()执行查询操作得到的结果集，可以从结果集中取出数据，不再使用结果集之后可以使用 mysqli_result->close()语句释放结果集。mysqli_result 类提供了许多方法可以获取结果集中的数据。

表 8-2 列出了获取一条查询数据可以使用的方法。

表 8-2　从结果集中获取一条数据的常用方法

方法	说明
$mysqli_result->fetch_assoc()	查询到的一条数据以关联数组形式返回
$mysqli_result->fetch_row()	查询到的一条数据以索引数组形式返回
$mysqli_result->fetch_object()	查询到的一条数据以对象形式返回
$mysqli_result->fetch_array()	查询到的一条数据以索引数组和关联数组混合形式返回
$mysqli_result->fetch_array(MYSQLI_BOTH)	查询到的一条数据以索引数组和关联数组的混合形式返回
$mysqli_result->fetch_array(MYSQLI_ASSOC)	查询到的一条数据以关联数组形式返回
$mysqli_result->fetch_array(MYSQLI_NUM)	查询到的一条数据以索引数组形式返回

修改 8-11-mysqli.php 执行的 SQL 语句，改为执行 select 语句，并获取一行数据，将获取的数据以对象形式返回并输出，代码如下所示：

```
$sql = "select * from user";
$res = $mysqli->query($sql);
if(!$res){
  echo "执行失败 错误信息:".$mysqli->errno.":".$mysqli->error;
}
//获取结果集中的第一行数据 以对象形式返回
$obj = $res->fetch_object();
echo '共查询到数据条数:'.$res->num_rows.'<br/>';
echo '获取查询结果中的第一行数据,用户名是是:'.$obj->username.',ID 是'.$obj->id;
```

测试代码中使用 mysqli_result 类的 num_rows 获取了查询的记录数。测试运行，根据数据库 user 表中的数据信息，输出对应查询结果中的第一行数据的信息，并输出结果集中的记录数。

如果想一次获取所有数据，可以使用的方法见表 8-3。

表 8-3　从结果集中获取所有数据的常用方法

方法	说明
$mysqli_result->fetch_all()	查询到的所有数据以索引数组和关联数组的混合形式返回
$mysqli_result->fetch_all(MYSQLI_BOTH)	查询到的所有数据以索引数组和关联数组的混合形式返回
$mysqli_result->fetch_all(MYSQLI_ASSOC)	查询到的所有数据以二维数组形式返回，其中元素值为关联数组形式
$mysqli_result->fetch_all(MYSQLI_NUM)	查询到的所有数据以二维数组形式返回，其中元素值为关联数组形式

修改 8-11-mysqli.php 执行 SQL 语句部分代码，改为执行 select 语句，获取所有查询数据，将获取的数据以数组形式返回，并以表格形式输出，部分实现代码如下所示：

```php
$sql = "select * from user";
$res = $mysqli->query($sql);
if(!$res){
  echo "执行失败 错误信息:".$mysqli->errno.":".$mysqli->error;
}
//获取结果集中的所有数据 以数组形式返回
$objs = $res->fetch_all(MYSQLI_ASSOC);
echo '共查询到数据条数:'.$res->num_rows.'<br/>';
echo '查询数据如下<br/>';
echo '<table border=1>';
echo '<tr><td>主键 ID</td><td>用户名</td><td>邮箱</td><td>年龄</td></tr>';
foreach($objs as $obj){
  echo '<tr>';
  echo '<td>'.$obj['id'].'</td>';
  echo '<td>'.$obj['username'].'</td>';
  echo '<td>'.$obj['email'].'</td>';
  echo '<td>'.$obj['age'].'</td>';
  echo '</tr>';
}echo '</table>';
```

测试运行，根据数据库表 user 数据情况，输出类似如图 8-4 的显示结果。

主键ID	用户名	邮箱	年龄
6	xiaohei	xiaohei@163.com	18
4	xiaohong	xh@qq.com	19
5	zhangsan	zs@qq.com	20
7	xiaohuang	xiaohuang@qq.com	20
8	Tom	Tom@xx.com	19
9	Jim	Jim@163.com	18
10	Jack	Jack@163.com	18

连接成功 共查询到数据条数: 7
查询数据如下

图 8-4　查询效果

3. 预处理的面向对象方式实现

（1）使用预处理方式执行添加。在面向对象的 mysqli 预处理实现中，相关属性和方法主要封装在 mysqli_stmt 类中。通过 mysqli 对象的 prepare() 方法完成预处理，返回一个 mysqli_stmt 对象，通过 mysqli_stmt 对象调用 bind_param() 方法进行参数绑定，使用 execute 执行预处理 SQL 语句，根据执行情况返回布尔类型结果。

创建 8-12-prepare.php，使用预处理方式实现数据添加，代码如下所示：

```php
<?php
//实例化 MySQLi 对象,连接数据库
$mysqli = new MySQLi('localhost','root','','phpDB',3306);
//判断连接是否成功
if($mysqli->connect_error){
  exit('连接出错'.$mysqli->connect_error);
```

```
}
//预处理执行 SQL 语句
$sql = "insert into 'user' ('username', 'password', 'age', 'email') values(?,?,?,?)";
//预处理返回 mysqli_stmt 对象
$mysqli_stmt = $mysqli->prepare($sql);
//判断预处理是否成功
if(!$mysqli_stmt){
    exit("执行预处理失败  错误信息:".$mysqli->errno.":".$mysqli->error);
}
//完成参数绑定
$mysqli_stmt->bind_param('ssis', $username, $password, $age, $email);
//参数变量赋值
$username='Lily';
$password=123456;
$age = 19;
$email ='lily@qq.com';
//执行 SQL 语句
$res = $mysqli_stmt->execute();
if(!$res){
    exit("执行失败  错误信息:".$mysqli->errno.":".$mysqli->error);
}
echo "执行 sql 语句影响行数:".$mysqli->affected_rows;
$mysqli_stmt->close();
$mysqli->close();
```

测试运行，添加成功，输出执行 insert 语句影响行数 1，最后两行分别调用 mysqli_stmt 预处理对象和 mysqli 对象的 close()方法释放资源。

小贴士　一般脚本执行结束时，会自动销毁打开的连接，释放资源。实际项目中，在不再需要时程序会立即关闭或释放所有连接、结果集和语句句柄，这样有助于更快地将资源返回给 PHP 和 MySQL，提高项目执行效率。

（2）使用预处理方式执行查询语句获取结果。select 语句和其他的 SQL 查询命令不同，需要处理查询结果。select 语句的执行也需要使用 mysqli_stmt 对象中的 execute()方法，但与 mysqli 对象中的 query()方法不同，execute()方法的返回值并不是一个 mysqli_result 对象。

mysqli_stmt 对象提供了一种更为精巧的办法来处理 select 语句查询结果,在使用 execute()方法执行 SQL 语句完成查询之后，使用 mysqli_stmt 对象中的 bind_result()方法，把查询结果的各个数据列绑定到一些 PHP 变量上，然后使用 mysqli_stmt 对象中的 fetch()方法把下一条结果记录读取到这些变量中。如果成功地读入下一条记录，fetch()方法返回 true，否则返回 false，或者已经读完所有的结果记录返回 false。结合 while 语句可以实现读取所有结果。

修改 8-12-prepare.php 文件预处理 SQL 语句部分程序，根据用户名查询密码，代码如下：

```
//预处理执行 SQL 语句
$sql = "select password from user where username=?";
$mysqli_stmt = $mysqli->prepare($sql);
//判断预处理是否成功
if(!$mysqli_stmt){
```

```
    exit("执行预处理失败  错误信息:".$mysqli->errno.":".$mysqli->error);
}
//执行参数绑定
$mysqli_stmt->bind_param('s',$username);
$username='Lily';
//执行 SQL 语句
$mysqli_stmt->execute();
//获取查询结果
$mysqli_stmt->bind_result($password);
if($mysqli_stmt->fetch()){
    echo "查询密码为: $password 。";
}
$mysqli_stmt->close();
$mysqli->close();
```

测试运行，查询成功，可以输出对应用户的密码信息。

默认情况下，select 查询结果将留在 MySQL 服务器上，等待 fetch()方法把记录逐条取回到 PHP 程序中，赋给使用 bind_result()方法绑定的 PHP 变量。

如果需要对所有记录而不只是一小部分进行处理，可以调用 mysqli_stmt 对象中的 store_result()方法，把所有结果一次全部传回到 PHP 程序中。store_result()方法是可选的，只读取数据不改变任何东西。示例程序中在执行 execute()方法后，可以调用 store_result()方法将结果传回到 PHP 中，通过 mysqli_stmt 对象的 num_rows 属性获得记录数。

【任务实施】

在学习了使用 mysqli 面向对象方法操作数据库后，我们开始图书查询的任务。创建文件 8-13-books.php，使用预处理方式获取 book 数据表数据，并显示在表格中。具体实现方式有很多，在本任务中选择使用结果集对象的 fetch_objct()方法，结合 while 循环，实现获取所有查询结果，代码如下所示：

```php
<?php
//实例化 MySQLi 对象,连接数据库
$mysqli = new MySQLi('localhost','root','','phpDB',3306);
//判断连接是否成功
if($mysqli->connect_error){
    exit('连接出错'.$mysqli->connect_error);
}
$sql = "select * from book";
$res = $mysqli->query($sql);
if(!$res){
    echo "执行失败  错误信息:".$mysqli->errno.":".$mysqli->error;
}
echo '<table border=1>';
echo '<tr><td>ID</td><td>书名</td><td>作者</td><td>价格</td><td>描述</td></tr>';
while($obj = $res->fetch_object()){
    echo '<tr>';
    echo '<td>'.$obj->id.'</td>';
    echo '<td>'.$obj->bookname.'</td>';
```

```
        echo '<td>'.$obj->author.'</td>';
        echo '<td>'.$obj->price.'</td>';
        echo '<td>'.$obj->description.'</td>';
        echo '</tr>';
    }
    echo '</table>';
```

测试运行，浏览器以表格形式输出 book 数据表的数据。

【任务小结】

通过本任务练习了 mysqli 的面向对象实现方式，使用了 mysqli 常用的对象及其属性和方法。在 1+X Web 前端开发证书中级考试中 mysqli 操作数据库是一个重要的知识点，读者应该熟练掌握，掌握 mysqli 面向对象常用的类、方法和属性，并结合功能需求灵活运用。

任务 3　用 PDO 方式实现图书信息添加

用 PDO 方式实现图书信息添加

【任务描述】

在 PHP 中除了常用的 mysqli 操作数据库方式，PDO 也是一种使用广泛的数据库操作方式。本任务要求使用 PDO 常用类及其方法实现图书信息的添加，掌握 PDO 方式操作数据库。

【任务分析】

实现图书信息的添加，需要对数据库执行 insert 语句，需要连接数据库、执行 SQL 语句、获取结果，本任务要求使用 PDO 方式实现。在开始任务之前，我们先一起学习 PDO 相关的类和方法。

【知识链接】

1. PDO 简介

PDO 是 PHP 数据对象（PHP Data Object）的缩写，为 PHP 访问不同数据库定义了一个轻量级的、一致性的接口，PDO 是一个第三方扩展，默认已经集成到 PHP 中。相比 mysqli 操作数据库方式只支持 MySQL 一种数据库，PDO 可支持多种数据库，使用起来更加方便。二者的一些区别见表 8-4。

表 8-4　PDO 与 mysqli 对比

指标	PDO	mysqli
数据库类型支持	很多	仅支持 MySQL
API	OOP	OOP+面向过程
命名参数	支持	不支持
连接	容易	容易
对象映射	支持	支持

PDO 的使用需要先开启 PDO 扩展，在 XAMPP 环境中的 PHP 已经开启了 PDO 扩展，查看 php.ini，可以看到 PDO 扩展开启语句 extension=pdo_mysql。

2．PDO 连接数据库

PDO 只有面向对象实现方式，核心类有 3 个，分别是：PDO，代表 PHP 和数据库之间的一个连接；PDOStatement，表示结果集或者预处理对象；PDOException，表示 PDO 异常。

与 mysqli 面向对象实现方式相似，PDO 通过实例化 PDO 对象实现数据库的连接，PDO 类构造方法语法为：__construct ($dsn, $username, $password)。

构造方法第一个参数$dsn 是数据源名称（Data Source Name，DSN），由 PDO 驱动名、紧随其后的冒号，以及具体 PDO 驱动的连接语法组成，包含了连接数据库的信息，格式如下：

$dsn= "数据库类型:host=主机地址;port=端口号;dbname=数据库名称;charset=字符集"

接下来通过示例程序演示 PDO 实现数据库连接过程，创建文件 8-14-pdo.php，实例化 PDO 类，完成数据库连接，代码如下所示：

```php
<?php
//数据库配置信息
$dns = "mysql:host=127.0.0.1;port=3306;dbname=phpDB;charset=utf8";
$username = "root";
$password = "";
//创建 PDO 对象
$pdo = new PDO($dns,$username,$password);
var_dump($pdo);
```

测试运行，数据库参数配置正确，连接成功，显示效果如图 8-5 所示，PDO 对象创建成功。

图 8-5 PDO 对象

> **小贴士**
>
> host、port、dbname、charset 不区分大小写，没有先后顺序。如果连接的是本地数据库，host 可以省略。如果端口号为 3306，port 也可以省略。dbname 可以省略，如果省略就表示没有选择数据库。charset 也可以省略，表示使用的是默认字符编码。

3．PDO 操作数据库

PDO 对象提供了 exec()方法，可以用来执行数据增加、删除和修改语句，执行成功后返回受影响的记录数，失败返回 false，执行成功后通过调用 PDO 对象的 lastInsertId()方法，可以得到记录自增主键 ID。

接下来我们通过程序演示，修改 8-14-pdo.php 文件，增加执行 SQL 语句的代码，实现在 user 中增加记录，添加代码如下所示：

```
//待执行 SQL 语句
$sql = "insert into 'user' ('username', 'password', 'age', 'email')
                values('Lucy','1234',18,'lucy@163.com')";
```

```
//执行
if($pdo->exec($sql)){
    echo "添加成功,自增主键 ID:".$pdo->lastInsertId();
}
```

测试运行,添加成功,输出数据库 user 表新填记录自增主键 ID,检查数据库 user 表,可以看到新增的记录。

使用 exec()方法执行删除和修改语句,与执行添加语句类似,读者可以自行编程验证。

执行查询语句使用 PDO 对象的 query()方法,该方法执行查询语句失败时返回 false,成功便返回一个 PDOStatement 对象,通过该对象提供系列 fetch 方法,见表 8-5,可以获取查询结果。

表 8-5　PDOStatement 对象常用方法

方法	说明
$stmt->fetchAll() $stmt->fetchAll(PDO::FETCH_BOTH) $stmt->fetchAll(PDO::FETCH_ASSOC) $stmt->fetchAll(PDO::FETCH_NUM) $stmt->fetchAll(PDO::FETCH_OBJ)	一次获取到所有数据,以索引数组和关联数组的混合形式返回 一次获取到所有数据,以索引数组和关联数组的混合形式返回 一次获取到所有数据,以二维数组形式返回,元素为关联数组 一次获取到所有数据,以二维数组形式返回,元素为关联数组 一次获取所有数据,返回对象数组
$stmt->fetch() $stmt->fetch(PDO::FETCH_BOTH) $stmt->fetch(PDO::FETCH_ASSOC) $stmt->fetch(PDO::FETCH_NUM) $stmt->fetch(PDO::FETCH_OBJ)	获取一条记录,以索引数组和关联数组的混合形式返回 获取一条记录,以索引数组和关联数组的混合形式返回 获取一条记录,以关联数组形式返回 获取一条记录,以索引数组形式返回 获取一条记录,以对象形式返回

接下来通过示例程序演示获取结果集方法的使用,修改 8-14-pdo.php 文件,执行 select 语句,查询 user 表中所有记录,修改 SQL 语句执行代码如下所示:

```
//执行查询语句
$sql = "select * from user";
$stmt = $pdo->query($sql);
//一次获取所有查询数据
$res = $stmt->fetchAll(PDO::FETCH_OBJ);
echo '<pre>';
print_r($res);
```

测试运行,获取 user 表数据,并以对象数组形式输出,如图 8-6 所示。

图 8-6　查询结果

4. PDO 错误处理模式

PDO 支持 3 种错误模式，分别是静默模式（Silent）：错误发生后，不会主动报错，该模式是默认模式；警告模式（Warning）：错误发生后，通过 PHP 标准来报告错误；异常模式（Exception）：错误发生后，抛出异常，需要捕捉和处理异常。可以通过 PDO::setAttribute() 更改错误模式。

3 种模式的设置方法见表 8-6。

表 8-6　错误处理模式的设置

语句	说明
$pdo->setAttribute(PDO::ATTR_ERRMODE,PDO::ERRMODE_SILENT)	设置静默模式
$pdo->setAttribute(PDO::ATTR_ERRMODE,PDO::ERRMODE_WARNING)	设置警告模式
$pdo->setAttribute(PDO::ATTR_ERRMODE,PDO::ERRMODE_EXCEPTION)	设置异常模式

创建文件 8-14-error.php，修改 PDO 数据库报错模式为警告模式，观察警告模式下的报错情况，先编写可以正常运行且没有错误的程序，代码如下所示：

```php
<?php
//数据库配置信息
$dns = "mysql:host=127.0.0.1;port=3306;dbname=phpDB;charset=utf8";
$username = "root";
$password = "";
//创建 PDO 对象
$pdo = new PDO($dns,$username,$password);
//设置报错模式为警告模式
$pdo->setAttribute(PDO::ATTR_ERRMODE,PDO::ERRMODE_WARNING);
//执行 SQL 语句
$sql = "update 'user' set 'password'='8888' where id<10";
$res = $pdo->exec($sql);
//3 个等号判断值和类型是否都相等
if($res === false){
  echo "执行 sql 语句出错";
}else{
  echo "修改成功,影响行数:".$res;
}
```

测试运行，SQL 语句执行成功，输出影响行数。

修改 SQL 语句制造一个错误，例如将数据表名或者列名修改为一个不存在的名称，再次测试运行，会输出警告错误，如图 8-7 所示，默认的静默模式则不会输出 Warning 报错信息。

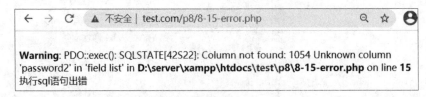

图 8-7　Warning 模式报错

接下来修改 8-14-error.php 代码，使用异常模式，异常模式需要使用 try/catch 语句捕捉异常，通过 Exception 捕获异常对象，再使用异常对象的 getMessage()方法获得报错信息，部分代码如下所示：

```php
$pdo = new PDO($dns,$username,$password);
//设置报错模式为异常模式
$pdo->setAttribute(PDO::ATTR_ERRMODE,PDO::ERRMODE_EXCEPTION);
try{
  $sql = "update 'user' set 'password'='88888' where id<10";
  $res = $pdo->exec($sql);
  echo "修改成功,影响行数:".$res;
}catch(Exception $error){
  echo "执行 sql 语句出错:".$error->getMessage();
}
```

测试运行，执行 SQL 语句成功输出影响行数，修改 SQL 语句制造一个错误，例如将数据表或者列名修改为一个不存在的名称，再次测试运行，捕获异常，输出异常信息，如图 8-8 所示。

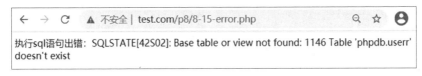

图 8-8　异常处理模式报错

5．PDO 预处理

与 mysqli 预处理相似，PDO 也提供了相关类和方法支持 SQL 语句的预处理实现，提高了 SQL 语句的执行效率和系统的安全性。

PDO 对预处理语句的支持需要使用 PDOStatement 类，但该类的对象并不是通过 new 关键字实例化出来的，而是通过执行 PDO 对象中的 prepare()方法执行返回的。与使用 query()方法返回的 PDOStatement 对象不同，query()方法返回的是一个结果集对象，而使用 prepare()方法返回的 PDOStatement 对象则是一个预处理对象，程序能够通过这个对象执行 SQL 命令。

（1）准备语句。PDO 预处理 SQL 语句模板支持两种方式，分别是使用问号和命名参数形式替代可变的参数。命名参数法就是自定义一个字符串作为参数的名称，这个名称需要使用冒号（:）开始，参数的命名要有一定意义，最好和对应的字段名称相同。两种参数形式语法示例如下所示。

问号参数形式：

```
$dbo->prepare (select * from users where id=?)
```

命名参数形式：

```
$dbo->prepare (select * from users where id=:id)
```

（2）参数绑定与执行。带参数的 SQL 语句通过 PDO 对象中的 prepare()方法准备好之后，就可以通过 PDOStatement 对象中的 bindParam()方法，把参数变量绑定到准备好的占位符上，完成绑定后通过 execute()方法执行即可。

创建文件 8-16-pdoprepare.php，使用 PDO 方式预处理命名参数形式，实现为 user 表添加数据，代码如下所示：

```php
<?php
//数据库配置信息
```

```
$dns = "mysql:host=127.0.0.1;port=3306;dbname=phpDB;charset=utf8";
$username = "root";
$password = "";
//创建 PDO 对象
$pdo = new PDO($dns,$username,$password);
//预处理 SQL 语句
$sql = "insert into 'user' ('username', 'password', 'age', 'email')
values(:username, :password, :age, :email)";
$stmt = $pdo->prepare($sql);
//参数绑定
$stmt->bindParam(':username', $username, PDO::PARAM_STR);
$stmt->bindParam(':password', $password, PDO::PARAM_STR);
$stmt->bindParam(':age', $age, PDO::PARAM_INT);
$stmt->bindParam(':email', $email, PDO::PARAM_STR);
//参数赋值
$username='Helen';
$password='12345';
$age=18;
$email='helen@qq.com';
//执行
$res = $stmt->execute();
if($res === false){
   echo "执行 sql 语句出错";
}else{
   echo "修改成功,影响行数:".$stmt->rowCount();
}
```

测试运行，数据添加成功，输出影响行数 1。

【任务实施】

在学习了 PDO 操作数据库的原理和实现方法后，我们开始图书添加的任务，首先创建图书添加功能实现文件 8-17-addbook.php，编写表单静态页面部分，代码如下：

```html
<!DOCTYPE html>
<html>
  <head>
        <meta charset="utf-8">
        <title>添加图书</title>
        <style>
              h2{text-align: center;}
              form{
                    width: 70%;
                    margin: 0 auto;
              }
              input[type='text']{width: 80%;}
              input[type='submit']{margin: 0 50%;}
              textarea{width: 100%;}
        </style>
  </head>
  <body>
```

```
        <h2>PDO 实现-添加图书</h2>
        <form action="" method="post">
            书名:<input type="text" name="bookname"> <br />
            作者:<input type="text" name="author"> <br />
            价格:<input type="text" name="price"> <br />
            描述:<textarea name="description" cols="30" rows="10"></textarea> <br />
            <input type="submit" value="添加">
        </form>
    </body>
</html>
```

测试运行可以看到简洁的图书添加页面，继续编写代码，在静态页面 HTML 代码后添加表单信息处理的 PHP 逻辑代码，如下所示：

```
<?php
//获取请求方式
$method = $_SERVER['REQUEST_METHOD'];
//如果是 POST 请求  代表用户单击了"添加"按钮
if($method == 'POST'){
    //用户单击了"添加"按钮  获取用户输入
    $bookname = isset($_POST['bookname'])?$_POST['bookname']:null;
    $author = isset($_POST['author'])?$_POST['author']:null;
    $price = isset($_POST['price'])?$_POST['price']:null;
    $description = isset($_POST['description'])?$_POST['description']:null;
    //验证输入信息不为空
    if( $bookname && $author && $price && $description){
        //连接数据库
        $dns = "mysql:host=127.0.0.1;port=3306;dbname=phpDB;charset=utf8";
        $pdo = new PDO($dns,'root','');
        //sql 模板
        $sql = "insert into 'book' ('bookname', 'description', 'author', 'price') values(?,?,?,?)";
        //预处理和参数绑定
        $stmt = $pdo->prepare($sql);
        $stmt->bindParam(1,$bookname,PDO::PARAM_STR);
        $stmt->bindParam(2,$description,PDO::PARAM_STR);
        $stmt->bindParam(3,$author,PDO::PARAM_STR);
        $stmt->bindParam(4,$price,PDO::PARAM_INT);
        //执行  根据执行结果给用户不同响应
        $res =$stmt->execute();;
        if($res){
            echo "<script>alert('添加成功!跳转到图书信息页面...');</script>";
            header("Refresh:0;url='../p7/7-6-books.php'");
        }else{
            echo "<script>alert('添加失败!重新输入信息!');</script>";
        }
    }else{
        echo "<script>alert('请输入信息!');</script>";
    }
}
```

在 PHP 代码中，首先通过超全局变量$_SERVER 获取请求方式，根据请求方式判断用户是否单击了"添加"按钮。确定用户单击按钮后，则先通过$_POST 超全局变量获取用户表单输入信息，判断是否为空，验证输入信息的有效性。通过验证后，开始连接数据库，预处理 SQL 语句，进行参数绑定，执行语句并获取执行结果，根据执行结果给予用户相应提示。

　　测试运行，在表单输入正确的图书信息，单击"添加"按钮，添加成功跳转到所有图书查看页面，能够看到刚刚添加的图书。如果用户没有添加信息，直接单击"添加"按钮，则会提示用户输入信息。

【任务小结】

　　本任务使用 PDO 方式实现了图书信息的添加功能，练习了 PDO 对象实例化、PDO 预处理、参数绑定等相关类对象和方法的使用。读者通过练习能够综合掌握 PDO 方法的使用，并可以在此基础上，利用 PDO 完成图书信息管理的其他功能。

项目拓展　用 PDO 方式实现用户登录

PDO 实现用户
登录

【项目分析】

　　登录功能程序实现主要包括两部分，一是登录表单收集用户登录信息，二是登录信息的数据库验证，具体实现可以有多种方法。在项目 7 的项目扩展中使用 mysqli 方式实现了登录的数据验证，在本项目中使用 PDO 面向对象方式进行数据验证。

【项目实施】

首先我们创建文件 8-18-login.php，编写登录表单，代码如下所示：

```
<!DOCTYPE html>
<html>
  <head>
        <meta charset="utf-8">
        <title>登录页面</title>
        <style>
                form,span,input{
                        margin: 5px;
                }
        </style>
  </head>
  <body>
        <h2>PDO 实现-会员登录</h2>
        <form action="" method="post">
                <span>用户名:</span><input type="text" name="username"> <br />
                <span>密   码:</span><input type="password" name="password"> <br />
                <input type="submit" value="提交">
        </form>
  </body>
</html>
```

测试运行，可以看到一个简单的登录表单，表单单击"提交"按钮会再次跳转到本页面。

我们将处理登录逻辑的 PHP 代码添加到 HTML 代码后面，PHP 脚本根据请求方式判断用户是否单击了"提交"按钮，PHP 处理登录逻辑代码如下：

```php
<?php
$method = $_SERVER['REQUEST_METHOD'];
if($method == 'POST'){
    //用户单击了"登录"按钮  获取用户输入信息
    $username = isset($_POST['username'])?$_POST['username']:null;
    $password = isset($_POST['password'])?$_POST['password']:null;
    //验证输入信息不为空
    if( $username && $password){
        //连接数据库
        $dns = "mysql:host=127.0.0.1;port=3306;dbname=phpDB;charset=utf8";
        $pdo = new PDO($dns,'root','');
        // SQL 语句模板
        $sql = "select * from user where username=? and password=?";
        //预处理和参数绑定
        $stmt = $pdo->prepare($sql);
        $stmt->bindParam(1,$username,PDO::PARAM_STR);
        $stmt->bindParam(2,$password,PDO::PARAM_STR);
        //执行
        $res =$stmt->execute();
        if($stmt->fetch()){
                //用户名存储到 Session
                session_start();
                $_SESSION['username'] = $username;
                //跳转到主页
                echo "<script>alert('登录成功  跳转主页');</script>";
                header("Refresh:0;url='../p7/index.php'");
        }else{
                exit('用户名或密码有误！请重试！');
        }
    }else{
        echo "请输入登录信息!";
    }
}
```

如果用户单击了"提交"按钮，则先通过$_POST 获取登录信息，判断登录信息是否为空，如果非空，则使用 PDO 连接数据库进行数据信息验证。根据用户输入的信息进行数据库信息查询，如果查询到结果，则$stmt->fetch()方法返回查询到的记录，如果查不到则返回 false，代表登录信息有误。

测试运行，当 user 表中输入正确的用户名和密码时，提示登录成功并跳转到主页。

思考与练习

一、单选题

1. 以下 PHP 代码，用来查询 MySQL 数据库中的 User 表，若能正常连接数据库，则以下选项中能正确执行$sql 的查询语句的是（　　）。

```php
<?php
……
$conn = new mysqli($servername, $username,$password, $dbname);
$sql ="select * from User";
　（　）;
```

A．mysqli_query($con, $sql);　　　　B．$conn->execute($sql);

C．$conn->query($sql);　　　　　　D．query($sql);

2．下面这段 PHP 代码的输出是（　　）。

```php
Class my_class {
    var $my_var;
    function __construct($value) {
        $this->my_var = $value;
    }
}
$a = new my_class(10);
echo $a->my_var;
```

A．10　　　　　　　B．NULL　　　　　C．报错　　　　　D．Nothing

3．PHP 类中变量默认的访问权限是（　　）。

A．public　　　　　B．protected　　　　C．default　　　　D．private

4．执行以下代码，输出结果是（　　）。

```php
<?PHP
class a{
    function __construct(){
        echo "echo class asomething";
    }
}
class b extendsa{
    function __construct(){
        echo "echo class bsomething";
    }
}
$a = new b();
?>
```

A．echoclass a something echo class b something

B．echoclass b something echo class a something

C．echoclass a something

D．echoclass b something

5．关于 PDO，以下说法错误的是（　　）。

A．PDO 只有面向对象实现方式

B．通过 PDO 的构造方法实现数据库的连接

C．PDO 只支持 MySQL 数据库

D．PDO 支持 3 种错误处理模式：静默模式、警告模式、异常模式

二、多选题

1. 下列关于 PHP 面向对象描述正确的是（　　）。
　　A. PHP 类的定义包含了数据的形式以及对数据的操作
　　B. 成员方法定义在类的内部，可用于访问对象的数据
　　C. PHP 支持多继承，子类可以继承多个父类
　　D. 子类可以使用父类 public 和 protected 修饰的方法，子类也可以覆盖父类方法
2. 面向对象的 3 大特征是（　　）。
　　A. 封装　　　　　B. 继承　　　　　C. 多态　　　　　D. 接口
3. 在 PHP 类定义中，对属性或方法的访问控制，是通过在前面添加关键字来实现的，以下属于访问控制关键字的选项是（　　）。
　　A. public　　　　B. private　　　　C. protected　　　D. default

三、判断题

1. PHP 命名空间支持导入类。　　　　　　　　　　　　　　　　　　（　　）
2. mysqli 是 PHP 操作数据库的一个扩展，既支持面向对象，也支持面向过程。（　　）
3. PHP 的子类可以访问父类中的私有变量和方法。　　　　　　　　　（　　）

四、实操题

在任务 3 的基础上，使用 PDO 实现所有图书信息的查询、编辑和删除功能。

项目 9　搭建 Laravel 框架开发环境

Laravel 框架是一套使用广泛的 PHP Web 应用开发框架，本项目主要讲解 Laravel 框架的开发环境搭建和项目部署，使读者了解 Laravel 框架的特性，认识框架项目目录结构，掌握 Laravel 框架路由、控制器和视图的使用，能够基于框架编写和运行程序。

- 了解 MVC 框架
- 掌握 Laravel 框架部署
- 掌握 Laravel 路由定义和使用
- 掌握 Laravel 控制器定义和使用
- 掌握 Laravel 视图定义和使用

任务 1　Laravel 框架入门程序

Laravel 框架
入门程序

【任务描述】

本任务要求在 XAMPP 搭建的 PHP 环境基础上，完成 Laravel 框架环境搭建。通过 Apache 配置虚拟主机，启动运行，基于 Laravel 框架编写欢迎程序并能够运行访问，为后续基于框架的开发打下基础。

【任务分析】

Laravel 是一套简洁的 PHP Web 开发框架，也是目前主流的 PHP 框架之一，学习框架先要搭建框架开发环境。Laravel 框架的部署需要使用 Composer，在部署项目之前，我们先认识一下 Laravel 框架和 Composer。

【知识链接】

1. 认识 Laravel 框架

Laravel 是一个开源 PHP 框架，功能强大且易于理解，遵循模型—视图—控制器（Model-View-Controller，MVC）设计模式。Laravel 重用了不同框架的现有组件，有许多可以快速开发应用程序的功能。其中 artisan 命令行界面为应用程序开发提供了许多方便快捷的操作命令。

Laravel 框架具有单入口特点，支持路由定义，所有 URL 访问都需要提前定义好路由规则。框架基于 MVC 模式分层思想，特别适合实现协同开发，支持对象关系模型映射（Object Relations Model，ORM），可以方便快速操作数据库。

Laravel 框架历史版本很多，当前最新版本为 Laravel 8，不同的 Laravel 版本对 PHP 的版本要求不同，见表 9-1。

表 9-1　Laravel 框架版本与 PHP 版本对应关系

框架版本	PHP 版本要求
Laravel 8.X	PHP 7.3.0 或以上版本
Laravel 7.X	PHP 7.2.5 或以上版本
Laravel 6.X	PHP 7.2 或以上版本
Laravel 5.8	PHP 7.1 或以上版本
Laravel 5.5	PHP 7.0 或以上版本

Laravel 框架对运行环境有严格要求，需要确保开发环境中 PHP 版本以及扩展满足框架要求。在本书项目 1 中我们通过 XAMPP 安装的 PHP 版本是 7.3.8，该 PHP 版本支持当前所有 Laravel 版本，所需扩展已开启，在本书中我们基于 Laravel 5.8 进行讲解。

2. 认识 Composer

Composer 是一个包含 PHP 依赖项和库的工具，允许用户创建与所提到的框架相关的项目（例如，Laravel 安装中使用的项目）。借助 Composer 可以轻松安装第三方库，依赖项都在 composer.json 文件中记录，该文件放在源文件夹中。

打开 Composer 工具的官方网址，单击 Download 下载地址，进入官方下载页面，根据系统情况选择对应版本和安装方式进行安装。这里我们选择 Windows 系统 exe 安装包下载，如图 9-1 所示。

图 9-1　Composer 下载与安装包

3. Composer 安装与使用

双击运行安装文件，进入 Composer 安装界面，如图 9-2 所示，选择推荐默认选项安装，进入下一步。

我们选择不勾选 Developer mode 复选框，开发者模式会少安装一个卸载包，如图 9-3 所示，单击 Next 按钮。

图 9-2　Composer 安装

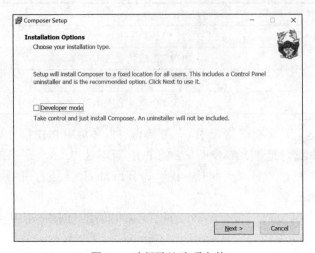

图 9-3　选择默认选项安装

Composer 安装需要 PHP 环境，在项目 1 中我们已经通过 XAMPP 安装好了 PHP，这里会自动选择安装环境下的 php.exe，如果没有自动选择，则手动单击 Browse 按钮选择 XAMPP 安装目录下的 php.exe，并勾选将 PHP 添加到环境变量 path，如图 9-4 所示。

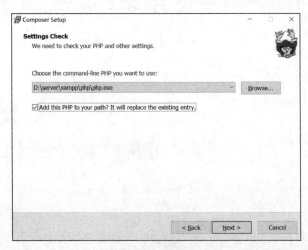

图 9-4　选择 php.exe

之后 Composer 安装过程全部选择默认选项，单击 Next 按钮完成安装。安装完成后，我们来测试一下安装是否成功。打开一个命令行窗口，输入命令 composer，如图 9-5 所示，输出已安装的 Composer 版本等信息，说明 Composer 安装成功。

图 9-5　测试 Composer 安装成功

　　Composer 安装成功后，就可以通过这个工具下载 Laravel 框架代码和相关依赖，为了让下载更加快速，可以切换 Composer 的默认下载镜像，在命令行窗口中输入下面的命令，修改默认镜像为国内的阿里云镜像。

```
composer config -g repo.packagist composer https://mirrors.aliyun.com/composer/
```

执行情况如图 9-6 所示。

```
Microsoft Windows [版本 10.0.18363.1256]
(c) 2019 Microsoft Corporation。保留所有权利。

C:\Users\dhy>composer config -g repo.packagist composer https://mirrors.aliyun.com/composer/

C:\Users\dhy>
```

图 9-6　修改 Composer 下载镜像

　　Composer 安装配置完成后，就可以使用其部署 Laravel 框架项目，安装命令如下：

```
composer create-project laravel/laravel=5.8.* --prefer-dist ./
```

　　执行这个命令后会在当前目录下，下载 Laravel 5.8.*对应最新版本的项目代码，保存在命令行对应目录中。命令中 composer 表示执行 Composer 命令，create-project 表示通过 Composer 去创建项目，laravel/laravel=5.8.*表示创建 Laravel 项目及其版本，其中=5.8.*可以省略，缺省情况下将下载最新 Laravel 版本项目。--prefer-dist 表示优先下载压缩包形式，最后的 "./" 表示项目下载在当前目录下，也可以设置为目录名，则会在当前目录再创建一个目录，并把项目代码下载在该目录下。

　　命令执行如图 9-7 所示，将会在 D:/php/laravel 目录下新建一个 demo 目录，并将 Laravel 项目下载在 demo 目录下。

```
D:\php\laravel>composer create-project laravel/laravel=5.8.* --prefer-dist ./demo
Creating a "laravel/laravel=5.8.*" project at "./demo"
Installing laravel/laravel (v5.8.35)
  - Downloading laravel/laravel (v5.8.35)
  - Installing laravel/laravel (v5.8.35): Extracting archive
Created project in D:\php\laravel\./demo
> @php -r "file_exists('.env') || copy('.env.example', '.env');"
Loading composer repositories with package information
```

图 9-7　下载 Laravel 项目

4. Laravel 启动

项目下载完成后，就可以启动运行测试了，常用的启动方式有两种，分别是使用 artisan 命令和使用配置虚拟主机方式。下面分别演示这两种方式。

（1）用 artisan 命令方式启动项目。artisan 是 Laravel 中自带的命令行工具的名称，它提供了许多简单易用的命令来帮助使用者开发 Laravel 应用。这里可以使用一个简洁的命令启动测试项目，命令为：php artisan serve。注意命令的执行必须在 Laravel 项目文件夹下，否则无法执行 artisan 命令。

命令执行结果如图 9-8 所示，显示 Laravel 开发服务器已启动，地址为http://127.0.0.1:8000。

图 9-8　artisan 命令启动 Laravel 项目

在浏览器中输入服务器地址，就会显示 Laravel 项目默认欢迎页面，如图 9-9 所示，说明 Laravel 开发环境安装和项目部署成功。

图 9-9　访问 Laravel 项目

使用该方式启动项目，cmd 窗口不能关闭，一旦关闭则服务器停止运行，网站就无法再被访问。在该方式下如果修改了配置文件.env，则必须重新启动服务器，修改的配置才能起作用。

（2）使用配置虚拟主机方式启动项目。在项目 1 中，我们讲解了虚拟主机的原理和配置方式，在这里采用类似方式进行虚拟主机配置。

首先确认服务器配置文件 httpd.conf 中加载虚拟主机配置 Virtual hosts 选项是开启的，即 Include conf/extra/httpd-vhosts.conf 配置语句前面的符号"#"是去掉的。

其次修改 apache/conf/extra/httpd-vhosts.conf 文件，添加新的虚拟主机站点配置，注意 DocumentRoot 设置站点根目录必须指定到 Laravel 项目目录的 public 文件夹，新加虚拟主机配

置代码如下所示:

```
#为 Laravel 项目增加虚拟主机
<VirtualHost *:80>
  #增加的站点目录
  DocumentRoot "D:\php\laravel\demo\public"
  #对应的主机名
  ServerName www.laraveldemo.com
</VirtualHost>
#配置 Laravel 项目文件夹的访问控制权限
<Directory "D:\php\laravel\demo\public">
  #关闭列表浏览功能
  Options -Indexes
  #允许分布式部署文件覆盖主配置文件
  AllowOverride All
  #允许所有访问
  Require all granted
</Directory>
```

最后在系统 hosts 文件中增加虚拟主机名与 IP 地址的映射关系,即 127.0.0.1www. Laraveldemo.com。

在 XAMPP 面板中启动 Apache 服务器,打开浏览器输入网址www.laraveldemo.com,同样可以看到 Laravel 项目的默认欢迎页面,如图 9-10 所示。

图 9-10　用虚拟主机方式访问 Laravel 项目

【任务实施】

Laravel 开发环境和项目部署成功后,我们可以编写入门程序,使用 HBuilder 打开 Laravel 项目目录,找到 routes 文件夹,打开文件夹内的 web.php 文件,该文件是 Laravel 框架的路由文件,所有的 URL 都要在这里定义对应路由。

我们先在已有代码后面添加如下代码:

```
//添加一个新路由
```

```
Route::get("hello", function(){
    return "<h1>欢迎开始学习 Laravel 框架!</h1>";
});
```

在 Laravel 项目服务器开启状态下，在地址栏中输入http://127.0.0.1:8000/hello，或者输入网址www.Laraveldemo.com/hello，显示如图 9-11 所示的欢迎信息，入门程序编写运行成功。

图 9-11　运行测试结果

【任务小结】

通过本任务认识了 Laravel 框架的特点和安装要求，了解了 Composer 工具，学会了 Composer 的安装和使用，并通过其部署了 Laravel 项目。同时学会了两种启动 Laravel 项目的方法，最后成功编写运行了基于 Laravel 框架的欢迎程序，为后续基于框架的应用开发打下基础。

任务 2　基于框架的开发

基于框架的开发

【任务描述】

路由、控制器、视图是 Laravel 框架的重要组成部分，本任务要求在掌握框架基本开发流程的基础上，结合 PHP 语法、Laravel 框架、静态网页知识完成一个新闻列表信息展示页面，效果如图 9-12 所示。

网站首页	国内新闻	国际资讯	联系我们

编号	标题	点击量	时间	操作
1	智慧医疗产业迎来好时机	30	2021-01-03 07:06:30	删除
2	手机厂商入局全屋智能诱人	37	2021-01-06 08:10:12	删除
3	2021数字中国创新大赛启动	3	2021-01-16 09:10:23	删除
4	海峡公铁大桥 有了智能体检医生	5	2021-02-06 10:10:34	删除
5	智慧科协推出在线检索资源库	70	2021-02-16 07:10:43	删除
6	打造三个千亿级大数据产业集群	10	2021-02-18 08:10:52	删除
7	碎片化学习含金量如何？	30	2021-03-09 09:10:33	删除
8	机器换人带来的技术性失业危机	90	2021-03-16 10:10:21	删除
9	APP广告推送不能"谁的地盘谁做主"	60	2021-03-26 11:10:34	删除
10	华为布局奥妙何在	77	2021-04-06 12:10:32	删除

图 9-12　任务效果展示

【任务分析】

　　任务要求基于 Laravel 框架完成，使用 Laravel 框架的路由、控制器和视图，编写路由定义页面访问的 URL，编写控制器完成请求和逻辑处理，最终由视图呈现结果给用户。在完成任务之前，我们先系统地学习 Laravel 框架的相关知识，掌握路由、控制器和视图的创建和使用。

【知识链接】

1.　Laravel 项目目录结构分析

　　Laravel 作为一款开发框架，与其他框架一样有自己的目录结构，学习一个框架，先要了解框架的基本原理以及目录结构，知道 MVC 层各在什么地方，接下来介绍 Laravel 框架的目录结构。

　　不同版本的 Laravel 项目目录结构稍有差异，5.8 版本目录结构如图 9-13 所示。

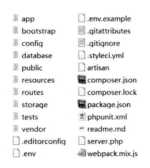

图 9-13　Laravel 项目目录

Laravel 项目目录下有 10 个文件夹，各个文件夹及其主要作用见表 9-2。

表 9-2　项目文件夹及作用说明

顶级文件夹	作用
app	包含站点 Controllers（控制器）、Models（模型），是网站系统运行的主要代码，是项目核心主目录
bootstrap	用来存放系统启动时需要的文件，包含框架启动文件和自动载入配置
config	存放框架各种配置文件
database	包含数据迁移及填充文件
public	框架中唯一外界可以看到的文件夹，在配置虚拟主机的时候，需要将站点位置指定到 public 下。含有 Laravel 框架核心的引导文件 index.php，目录也用来存放任何可以公开的静态资源，如 CSS、JavaScript、images 等
resources	项目的前端页面文件在 resources 下面的 views 文件夹下，也就是 MVC 的 View 视图层，该目录也是项目核心目录
routes	包含路由配置文件，其中 web.php 是主路由文件
storage	包含了编译过的 Blade 模板、基于文件的 Session、文件缓存，以及其他由框架生成的文件
tests	包含自动化测试，其中已经提供了一个开箱即用的 PHPUnit 示例
vendor	存放第三方类库文件，包括 Laravel 源代码、Composer 依赖等

除了文件夹还有若干不同类型的文件，表 9-3 列出了一些关键文件以及文件的作用。

表 9-3　项目关键文件及其作用

文件	作用
.env	环境配置文件，config 目录下的配置文件会使用该文件里面的参数，里面包含的数据库连接配置参数，在后续开发中会使用到
artisan	脚手架文件，用来生成代码，创建控制器、模型，创建数据库文件
composer.json	Composer 依赖配置文件

2．Laravel 路由定义和使用

Laravel 框架中的路由可以理解为访问地址，通过路由定义可以将用户的请求按照事先规划好的方案交给指定的控制器或者功能函数来进行处理，Laravel 中路由需要手动进行编写代码配置。进入 Laravel 项目 routes 文件夹，打开路由文件 web.php，项目所有的访问地址都定义在该路由文件里。

启动 Laravel 项目服务器后，在浏览器中访问虚拟域名时，系统会自动到 routes/web.php 中寻找，查看是否有定位到根目录路由 "/" 的 GET 请求，找到对应代码并执行，我们就能够在浏览器中看到显示欢迎的页面。

（1）路由注册。路由定义的语法为：Route::请求方式('请求的 URL', 匿名函数或控制响应的方法)。其中 Route 是 Laravel 框架的内置门面（Façades）类，其命名空间为 Illuminate\Support\Facades。

通过编码注册路由来响应常用的 HTTP 请求，常用的请求方式有 GET 和 POST，定义语法如下：

```
Route::get ('请求的 URL', 匿名函数或控制响应的方法);
Route::post ('请求的 URL', 匿名函数或控制响应的方法);
```

如果需要注册路由同时支持多种 HTTP 请求，可以使用 match 或者 any 方式注册实现，具体语法如下所示：

```
Route::match (['get ', ' post' ], '请求的 URL', 匿名函数或控制响应的方法);
Route::any ('请求的 URL', 匿名函数或控制响应的方法);
```

match 表示匹配固定请求方式的路由，any 表示匹配任意请求方式的路由。

（2）路由参数。路由参数就是通过路由传递参数，其中必选参数可以通过路由地址添加 "{参数名}" 的形式来进行定义，可选参数通过 "{参数名?}" 的形式来进行定义。参数获取时在回调函数中添加形参，在函数体中直接使用，示例代码如下所示：

```
//带参数路由,必选参数
Route::get("param1/{id}", function($id){
  echo "必选参数,参数 id=".$id;
});
//带参数路由,可选参数
Route::get("param2/{name?}", function($name=null){
  echo "可选参数,参数 name=".$name;
});
```

启动服务器，在浏览器中先后输入地址http://www.laraveldemo.com/param1/001、http://www.laraveldemo.com/param2/zhangsan，显示效果如图 9-14 所示。

图 9-14 运行效果展示

测试时如果把两个路由中的参数去掉，则必选参数形式路由访问会显示 404 错误，可选参数路由则不会。

除了通过定义路由形式传递参数以外，还可以通过传统 URL 后面带 "?" 的传参方式传递参数，获取参数时，可以通过 PHP 超全局变量$_GET['参数名']，获取所带参数。

```
//传递查询参数
Route::get("param3", function(){
  if(isset($_GET['age']))
        echo "问号形式传递参数,参数 age=".$_GET['age'];
});
```

运行测试如图 9-15 所示。

图 9-15 运行效果展示

（3）路由群组的定义。当项目较大，定义的路由较多时，使用路由群组可以简化路由代码，提升维护效率，增加代码的可读性。

比如管理系统后台有如下路由：

```
/admin/login
/admin/logout
/admin/index
/admin/user/add
/admin/user/del
```

该路由的共同点是都有/admin/前缀，为了管理方便，则可以使用路由群组把它们放到一个路由分组中。路由群组定义使用 prefix 属性指定路由前缀，例如，在所有路由 URL 前面添加前缀 admin，示例代码如下所示：

```
//路由群组定义
Route::group(['prefix' => 'admin'], function () {
```

```
    Route::get('login', function ()      {
        echo "匹配-/admin/login-URL 请求";
    });
    Route::get('logout', function ()     {
        echo "匹配-/admin/logout-URL 请求";
    });
});
```

3. Laravel 控制器定义和使用

（1）控制器文件命名。默认控制器文件在 app\Http\Controllers 目录下，在 Laravel 5.8 版本中该目录下默认有 Controller 基类定义文件 Controller.php，还有一个 Auth 文件夹，以及一些示例控制器代码，如图 9-16 所示。

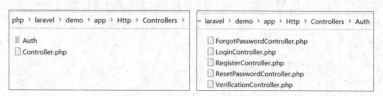

图 9-16　控制器目录文件展示

根据示例控制器文件名，可以看出 Laravel 项目中控制器的命名采用驼峰式命名法，即控制器文件的每个单词首字母大写，并以 Controller 结尾。

（2）创建控制器。了解了控制器文件的命名，我们来创建一个控制器。创建控制器可以先手动创建 PHP 文件，然后编写逻辑代码，也可以使用 artisan 命令创建，创建命令语法如下：

```
#php artisan make:controller  控制器名
```

利用 artisan 命令创建控制器的操作方法是：在 Controller 文件夹下创建一个控制器 TestController，在 demo 项目根目录下，按住 Shift 键，右击，选择"在此处打开 Powershell 窗口"（此种方式适合 Windows 10 系统，不同操作系统版本显示菜单不同）。

在启动的命令行窗口内，输入创建命令并运行，控制器创建成功，如图 9-17 所示。

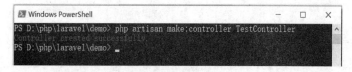

图 9-17　创建控制器

查看 app\Http\Controllers 目录，可以看到增加了一个命名为 TestController.php 的文件，打开该文件，可以看到默认生成的控制器代码，如下所示：

```php
<?php
namespace App\Http\Controllers;
use Illuminate\Http\Request;
class TestController extends Controller
{
    //
}
```

默认代码定义了命名空间，导入了所需的类，定义了控制器 TestController 类，相关的逻辑处理代码将以方法形式定义在控制器类中。在该控制器中添加代码，并在下个知识点中访问这个控制器方法，添加控制器方法代码如下：

```
//定义一个控制器方法
    function test1(){
        echo '这是 TestController 的 test1 方法!';
    }
```

（3）控制器访问。控制器的访问需要使用路由，访问控制器的路由定义语法如下所示：

```
Route::请求方法('请求的 URL', '控制器名@方法名')
```

我们定义路由"域名/test1"，访问控制器 TestController 的 test1()方法，路由代码如下：

```
//访问 TestController 控制器 test1()方法路由
Route::get('test1','TestController@test1');
```

打开浏览器输入地址www.Laraveldemo.com/test1，显示效果如图 9-18 所示，执行了控制器的 test1()方法，输出了结果。

图 9-18　运行效果展示

（4）控制器分目录管理。控制器支持分目录管理，即可以创建不同文件夹存储不同控制器，不同文件夹下的控制器名字可以相同。例如，我们在 app\Http\Controllers 目录下创建 Admin 目录并在其中新建 TestController 控制器，执行创建命令如图 9-19 所示。

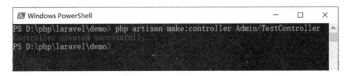

图 9-19　创建 TestController 控制器

查看App\Http\Controllers目录，多了一个Admin目录，其中有新创建的控制器文件TestController. php，添加控制器方法代码如下所示：

```
<?php
namespace App\Http\Controllers\Admin;
use Illuminate\Http\Request;
use App\Http\Controllers\Controller;
class TestController extends Controller
{
    //定义控制器方法
    function test(){
        echo "这是 Admin 目录下的 TestController 的 test 方法";
```

```
    }
}
```

定义路由访问该控制器，路由定义代码如下所示：

```
//访问 Admin/TestController 控制器 test()方法路由
Route::get('admin/test', 'Admin\TestController@test');
```

打开浏览器输入网址http://www.laraveldemo.com/admin/test，显示效果如图 9-20 所示。

图 9-20　运行效果展示

 注意分目录管理控制器路由定义时，Admin\TestController@test 这里目录与控制器之间必须是反斜线（\）。

4. Laravel 视图创建和使用

（1）创建视图。视图文件所在目录为 resources\views，文件夹下有项目的默认欢迎页面 welcome.blade.php，打开该文件阅读代码，该视图文件内代码主要是 HTML、CSS 以及 Blade 模板代码。Blade 是 Laravel 使用的一套模板引擎，它定义了一系列标签语法，极大地降低了 PHP 代码与 HTML 代码混写的复杂度。

与控制器文件命名类似，在 Laravel 中视图文件的命名也有规则，一般建议文件名小写，并以.blade.php 为扩展名。在以.blade.php 为扩展名的视图文件中，可以使用 Blade 模板引擎语法，也可以使用原生的 PHP 语法。如果视图文件以.php 文件结尾，则不能使用 Blade 模板引擎语法。

视图文件也支持分目录管理，在 views 目录下新建目录 admin，并新建文件 test.blade.php，编辑代码如下所示：

```
<!DOCTYPE html>
<html>
  <head>
        <meta charset="utf-8">
        <title>blade 文件</title>
  </head>
  <body>
        <h2>这是 views/admin 目录下的 test.blade.php 文件</h2>
  </body>
</html>
```

视图文件的访问一般结合控制器使用，在控制器方法中执行"return view('视图文件名')"即可以访问视图。

打开已创建的控制器文件 App\Http\Controllers\Admin\TestController.php，增加一个访问 test.blade.php 的控制器方法，代码如下，PHP 也支持带"."的访问方式。

```
//定义访问 views/admin/test.blade.php 的方法
    function getview(){
        return view('admin/test');
        //return view('admin.test');　带 "." 方式
    }
```

在 routes\web.php 路由文件中添加对应的路由注册代码，如下所示：

```
//访问控制器中视图的路由
Route::get('admin/view','Admin\TestController@getview');
```

打开浏览器输入网址http://www.laraveldemo.com/admin/view，通过路由访问到控制器的getview()方法，通过 getview()方法跳转到视图，最终显示视图内容，运行效果如图 9-21 所示。

图 9-21　运行效果展示

（2）控制器与视图传递数据。在 Laravel 框架中，路由接收用户请求，将请求分发给对应的控制器方法，控制器处理逻辑，并调用视图，最终视图呈现请求结果给用户。控制器接收并处理用户请求，将处理结果数据发送给视图，视图再把数据展示出来。

控制器可以通过变量将数据传给视图，支持多种写法，实现语法如下：

```
return view( '视图', 数组 )
reurn view( '视图' )->with( '变量名 1', 值 ) ->with( '变量名 2', 值 )
return view( '视图', compact( '变量名 1', '变量名 2', … ))
```

数据传递给视图，视图中展示变量值的语法是：{{ $变量名}}。

接下来编写程序演示，在控制器 App\Http\Controllers\Admin\TestController.php 中，添加访问视图并传值的代码，如下所示：

```
//访问视图传递变量
    function index(){
        $username = '张三';
        $age = 18;
        //数组方式传递
        return view('admin.index',['username'=>$username,'age'=>$age]);
        //with()方法传递
        //return view('admin.index')->with('username',$username)->with('age',$age);
        //compact()方法传递
        //return view('admin.index',compact('username','age'));
    }
```

小贴士　compact()函数是 PHP 内置函数，主要用于打包数组。
语法：compact ('变量名 1', '变量名 2',…);

路由文件中注册路由如下：

```
//访问控制器中视图的路由
Route::get('admin/index','Admin\TestController@index');
```

在 views\admin 文件夹下，创建视图 index.blade.php，添加代码如下所示：

```
<!DOCTYPE html>
<html>
    <head>
            <meta charset="utf-8">
            <title>index 视图</title>
    </head>
    <body>
            <h2>控制器传递的变量值是:{{$username}}和{{$age}}</h2>
    </body>
</html>
```

打开浏览器输入网址http://www.laraveldemo.com/admin/index，显示结果如图 9-22 所示，视图正确显示了控制器传递的变量。

图 9-22　运行效果展示

（3）视图中的分支。Blade 模板引擎提供了专门语法，使得在视图中编写的分支和循环语句变得非常简洁。

Blade 模板分支语句语法如下：

```
@if( 条件表达式 )
   执行语句
@elseif( 条件表达式 )
   执行语句
@elseif( 条件表达式 )
   执行语句
   ……
@endif
```

分析分支语法，我们发现 Blade 模板通过引入特殊符号@，替代了嵌入 HTML 代码时原生 PHP 的标签，使得整体代码变得非常简洁。我们在 index.blade.php 中增加分支判断代码，对用户年龄进行判断，如果年龄处于 1～6 岁，输出"学龄前儿童"，年龄处于 7～12 岁，输出"小学生"，年龄处于 13～17 岁，输出"高中生"，年龄大于 18 岁，输出"成年人"。

编辑视图代码，增加分支判断，代码如下：

```
<!DOCTYPE html>
<html>
    <head>
            <meta charset="utf-8">
```

```
            <title>index 视图</title>
    </head>
    <body>
            <h2>控制器传递的变量值是:{{$username}}和{{$age}}</h2>
            <h3>用户年龄判断</h3>
            @if($age>=1 &&$age<=6)
                <p>学龄前儿童</p>
            @elseif($age<=12)
                <p>小学生</p>
            @elseif($age<=17)
                <p>高中生</p>
            @else
                <p>成年人</p>
            @endif
    </body>
</html>
```

打开浏览器测试访问，显示效果如图 9-23 所示。

图 9-23　运行效果展示

（4）视图中的循环。Blade 视图中循环语句写法也很简洁，语法如下所示：

```
@foreach ( $vars as $key => $value )
    循环体语句
@endforeach
```

观察循环语句语法，在 Blade 模板中，使用@符号替代了嵌入 HTML 代码时原生 PHP 的标签，并且原生循环语句中的"{}"也不需要写，大大简化了混合 PHP 代码与 HTML 代码的循环语句程序的编写。

接下来我们编程演示，在控制器 IndexController.php 中定义一个数组 hobbys，存储用户爱好信息，将数组变量传递给 index.blade.php 视图，视图中的循环数据变量以无序列表形式在页面输出。

IndexController.php 控制器代码如下：

```
//访问视图传递变量
    function index(){
        $username = '张三';
        $age = 18;
        $hobbys = ['读书','跑步','足球','游泳'];
        //传递变量给视图
```

```
        return view('admin.index',compact('username','age','hobbys'));
    }
```

index.blade.php 视图增加代码如下：

```
<h3>用户爱好信息</h3>
    <ul>
        @foreach($hobbys as $k=>$v)
            <li>第{{$k+1}}个爱好是{{$v}}</li>
        @endforeach
    </ul>
```

打开浏览器测试访问，显示效果如图 9-24 所示。

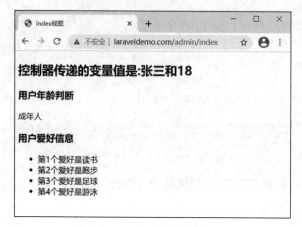

图 9-24　运行效果展示

（5）视图中的包含与继承。视图中的包含主要用于提取公共部分页面，比如网页中的头部、尾部这些公共部分代码，可以编写到单独的视图文件中。需要引用时，视图在引入位置添加包含代码即可。视图中的包含语法如下：

@include(视图文件名)

注意视图文件名不含扩展名，语法类似控制器中我们使用的 view()方法。视图包含的实现原理如图 9-25 所示。

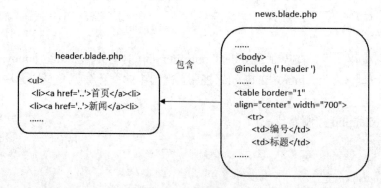

图 9-25　包含原理示意

视图中也存在继承，不同于 PHP 语言类的继承，视图中的继承是为了解决公共部分页面代码冗余的问题，与视图中包含将公共代码提取出来的解决思路不同，继承是将公共页面做成父级模板。

父级模板中使用"@yield('占位区块名称')"，为进行动态变化的页面部分占位。动态变化的页面部分定义为子页面，封装在单独的视图页面，通过使用"@extends('父模板视图名称')"和"@section('占位区块名称')　代码　@endsection"，完成父模板的继承。视图的继承实现原理如图 9-26 所示。

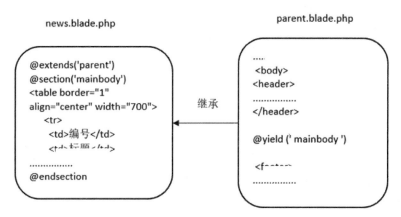

图 9-26　视图继承原理示意

视图继承原理中，视图 parent.blade.php 为父级模板视图，使用@yield 定义了占位区块 mainbody。视图 news.blade.php 作为子模板，通过@extends('parent')指定父模板视图，通过@section 将子页面内容封装。运行时直接访问子视图 news，则显示两个视图代码合起来的效果。

（6）外部静态文件引入。页面文件经常需要引入外部文件，如外部 JS、CSS、图片等，在 Laravel 框架中可以供外部访问的文件一般放在 public 目录下，视图文件直接引用就可以使用。

在 public/css 文件夹下创建一个 app.css 文件，里面添加 CSS 代码如下：

```
body{
    background-color:lightgray;
}
```

在视图文件 index.blade.php 中添加引用 CSS 文件的代码，如下所示：

```
<link rel="stylesheet" href="/css/index.css">
```

打开浏览器访问测试，显示效果如图 9-27 所示，可以看到 CSS 样式文件起作用，页面背景颜色发生变化。

在浏览器页面右击，选择查看网页源代码，可以看到添加的 link 标签代码如下：

```
<link rel="stylesheet" href="/css/index.css">
```

Laravel 框架还封装了一个 asset()方法，可以解析网络地址。修改视图中的 link 标签代码为<link rel="stylesheet" href="{{asset('css')}}/index.css">，打开浏览器输入地址测试，同样可以看到图 9-27 所示的效果。

查看网页源代码，可以看到两种引入方法的区别，使用 asset()方法的 link 标签代码如下：

```
<link rel="stylesheet" href="http://www.Laraveldemo.com/css/index.css">
```

图 9-27 运行效果展示

【任务实施】

在学习了 Laravel 框架路由、控制器、视图的定义和使用之后，我们来完成新闻列表信息展示页面任务。

首先注册路由，在路由文件 web.php 中添加路由注册代码如下：

```
//访问新闻列表信息的路由
Route::get('admin/news','Admin\NewsController@getnews');
```

创建 NewsController 控制器，在命令行中输入创建命令并执行，如图 9-28 所示。

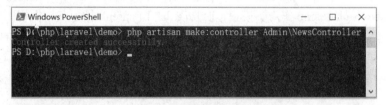

图 9-28 创建控制器

打开新建的 NewsController.php，在 NewsController 类中添加方法 getnews()，代码如下：

```php
function getnews(){
//视图文件将要显示的新闻列表数据
$newsinfo = array(
    ["id"=>1,"title"=>"智慧医疗产业迎来好时机","clicktimes"=>30,
"createdtime"=>"2021-01-03 07:06:30"],
    ["id"=>2,"title"=>"手机厂商入局全屋智能诱人","clicktimes"=>37,
"createdtime"=>"2021-01-06 08:10:12"],
    ["id"=>3,"title"=>"2021 数字中国创新大赛启动","clicktimes"=>3,
"createdtime"=>"2021-01-16 09:10:23"],
    ["id"=>4,"title"=>"海峡公铁大桥  有了智能体检医生","clicktimes"=>5,
"createdtime"=>"2021-02-06 10:10:34"],
    ["id"=>5,"title"=>"智慧科协推出在线检索资源库","clicktimes"=>70,
"createdtime"=>"2021-02-16 07:10:43"],
    ["id"=>6,"title"=>"打造三个千亿级大数据产业集群","clicktimes"=>10,
"createdtime"=>"2021-02-18 08:10:52"],
```

```
    ["id"=>7,"title"=>"碎片化学习含金量如何？","clicktimes"=>30,
"createdtime"=>"2021-03-09 09:10:33"],
    ["id"=>8,"title"=>"机器换人带来的技术性失业危机","clicktimes"=>90,
"createdtime"=>"2021-03-16 10:10:21"],
    ["id"=>9,"title"=>"APP 广告推送不能"谁的地盘谁做主"","clicktimes"=>60,
"createdtime"=>"2021-03-26 11:10:34"],
    ["id"=>10,"title"=>"华为布局奥妙何在","clicktimes"=>77,
"createdtime"=>"2021-04-06 12:10:32"]
);
//news 对应 resources/views/admin/news.blade.php 视图文件
return view("admin.news",compact("newsinfo"));        }
}
```

接下来编写视图文件，在 views\admin 目录下创建视图文件 news.blade.php，编辑代码如下，显示新闻列表数据。

```html
<!DOCTYPE html>
<html>
  <head>
    <title>新闻列表</title>
    <meta charset="utf-8" />
  </head>
  <body>
    <ul>
      <li><a href="">网站首页</a></li>
      <li><a href="">国内新闻</a></li>
      <li><a href="">国际资讯</a></li>
      <li><a href="">联系我们</a></li>
    </ul>
    <table border="1" align="center" width="700">
      <tr>
        <td>编号</td>
        <td>标题</td>
        <td>点击量</td>
        <td>时间</td>
        <td>操作</td>
      </tr>
      @foreach($newsinfo as $v)
      <tr>
        <td>{{$v["id"]}}</td>
        <td>{{$v["title"]}}</td>
        <td>{{$v["clicktimes"]}}</td>
        <td>{{$v["createdtime"]}}</td>
        <td><a href="">删除</a></td>
      </tr>
      @endforeach
    </table>
```

```
    </body>
</html>
```

打开浏览器输入网址http://www.laraveldemo.com/admin/news，显示效果如图 9-29 所示。

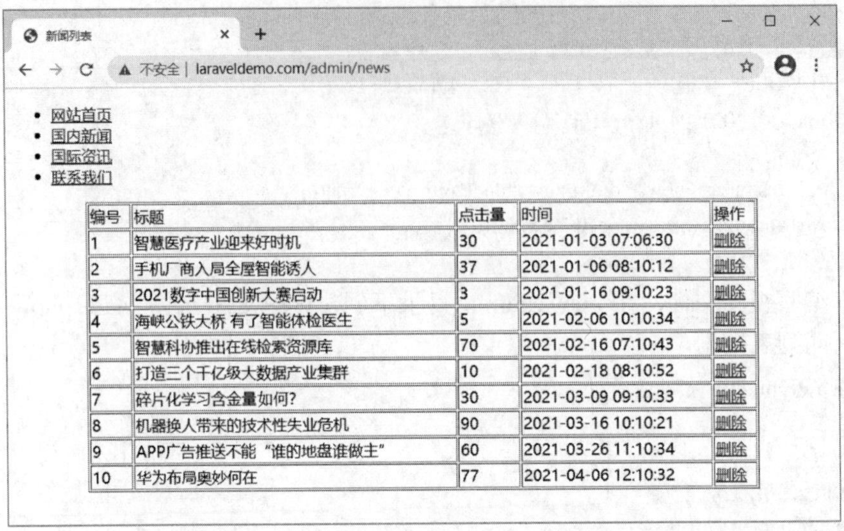

图 9-29 运行效果展示

编写 CSS 文件优化页面布局和样式，在 public/css 目录下创建 style.css，编写如下样式代码：

```
html,body{
    margin:0px;
    padding:0px;
    font-size:16px;
}
table{
    border-collapse: collapse;
    text-align: center;
}
td{
    height:30px;
}
tr:first-child{
    font-weight:bold;
}
a{
    color:blue;
    text-decoration:none;
}
a:hover{
    color:red;
    text-decoration:underline;
}
ul{
```

```
    text-align:center;
    list-style:none;
    margin:0px 0px 50px 0px;
    padding:0px;
    display:flex;
    justify-content:center;
    background-color:#DEE1E6;
}
ul li{
    margin:0px 30px;
    height:50px;
    line-height:50px;
}
```

修改视图代码，添加样式文件引入代码：

```
<link rel="stylesheet" href="{{asset('css')}}/style.css">
```

刷新浏览器，再次访问测试，显示效果如图 9-30 所示。

图 9-30 运行效果展示

【任务小结】

完成本任务需要认识 Laravel 框架，熟识框架的目录结构，掌握路由定义、控制器定义、视图文件创建、控制器与视图的数据传递、Blade 模板语法等，并综合运用静态网页知识。

在本任务中新闻数据来自数组中的静态数据，当学习了框架与数据库的交互后，读者可以继续修改控制器代码，实现从数据库表中动态获取新闻数据。

项目拓展　基于框架实现管理员登录页面

基于框架实现管理员登录页面

【项目分析】

在学习了框架基本使用的基础上，本拓展项目完成管理员登录页面的展示。在这个案例中我们综合运用本项目所学知识，并综合前端框架 Bootstrap，使登录页面展示效果更好。后续学习了框架与数据库交互后，再完成登录信息的数据库表信息验证。

【项目实施】

首先定义登录页面的路由，在 web.app 中添加路由如下：

```
//访问管理员登录页面
Route::get('admin/login','Admin\AdminController@login');
```

在 Admin 目录下创建 AdminController，在命令行窗口输入创建命令并执行，如图 9-31 所示。

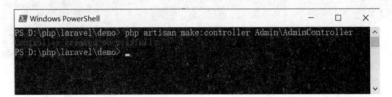

图 9-31　创建控制器

然后打开新创建的控制器文件 AdminController.php，在 AdminController 类中添加 login() 方法，代码如下所示：

```
//显示登录页面
function login(){
        return view('admin.login');
    }
```

最后创建视图文件，我们先将 Bootstrap 框架文件 bootstrap.min.css 保存在 public/css 文件夹下，在视图文件中通过 link 标签引入。Bootstrap 框架的引用也可以使用网络公开的 CDN。在视图文件夹 views/admin 目录下，创建视图 login.blade.php，编写登录页面代码如下：

```
<!DOCTYPE html>
<html lang="en">
<head>
    <meta charset="UTF-8">
    <meta name="viewport" content="width=device-width, initial-scale=1.0">
    <link rel="stylesheet" href="/css/bootstrap.min.css">
    <title>新闻管理系统后台</title>
</head>
<body>
    <div class="jumbotron ">
        <div class="container">
```

```
            <h2>新闻管理系统后台管理员登录</h2>
        </div>
    </div>
    <div class="container">
        <div class="row">
            <div class="col-md-offset-3 col-md-6 col-sm-offset-3 col-sm-6">
                <form action="" method="post">
                    <div class="form-group">
                        <label for="exampleInputEmail1">请输入登录账号</label>
                        <input type="text" class="form-control" id="account">
                    </div>
                    <div class="form-group">
                        <label for="exampleInputPassword1">请输入密码</label>
                        <input type="password" class="form-control" id="password">
                    </div>
                    <button type="submit" class="btn btn-default btn-block">登录</button>
                </form>
            </div>
        </div>
    </div>
</body>
</html>
```

打开浏览器输入网址http://www.laraveldemo.com/admin/login，显示效果如图 9-32 所示，本扩展项目编写完成。

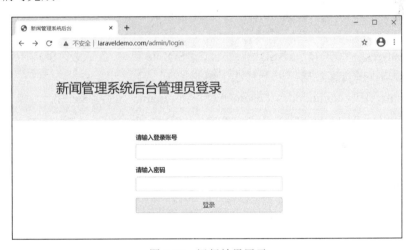

图 9-32　运行效果展示

思考与练习

一、单选题

1. Laravel 中控制器所在文件路径是（　　）。

    A．App/Http/Controller   B．routes/Http/Controller

　　C．App/Controller　　　　　　　　D．App/Http

2．在 Laravel 中，界面文件应该放在（　　）。

　　A．App\http\controllers　　　　　B．public/html

　　C．resources\views　　　　　　　D．routes

3．在 Laravel 中，命名空间使用关键字（　　）。

　　A．var　　　　　　B．import　　　　C．use　　　　D．以上都不对

4．在 Laravel 框架中，模板文件中不一样的部分用关键字（　　）。

　　A．@class　　　　B．@yield　　　　C．@extends　　　D．@section

5．Laravel 的 Blade 模板中指定继承父模板的关键字是（　　）。

　　A．@section　　　B．@extends　　　C．@include　　　D．@yield

二、多选题

1．Laravel 中路由写法正确的是（　　）。

　　A．Route::get('/welcome','AdminController@welcome');

　　B．Route::post('/admin/login','AdminController@login);

　　C．Route::match('/welcome','welcome');

　　D．Route::any('/admin/index','AdminController@index');

2．查阅 Laravel 官网手册，（　　）是 Laravel 的 artisan 命令。

　　A．php artisan make:controlle　　　B．php artisan make:model

　　C．php artisan make:middleware　　D．php artisan route:list

3．Laravel 框架支持的数据库系统有（　　）。

　　A．Postgres　　　B．MySQL　　　C．SQLite　　　D．SQL Server

4．控制器与视图传递数据，以下写法正确的是（　　）。

　　A．return view('admin.index',['username'=>$username, 'age'=>$age]);

　　B．return view('admin.index', $username, $age);

　　C．return view('admin.index')->with('username',$username)->with('age',$age);

　　D．return view('admin.index', compact('username', 'age'));

三、判断题

1．Laravel 框架中路由写在 routes.php 文件中。　　　　　　　　　　　　（　　）

2．Laravel 框架是一个支持 MVC 和 ORM 的框架。　　　　　　　　　　（　　）

3．视图引用的外部静态文件，如 JS、CSS，统一放在框架的 public 目录下。（　　）

四、实操题

　　参考拓展项目，基于 Laravel 框架实现，定义路由、控制器和注册页面视图文件，结合前端技术，设计编写会员用户注册页面。

项目 10 基于 Laravel 框架操作数据库

项目导读

动态网站开发离不开与数据库的交互，Laravel 框架支持 ORM 对数据库的操作，应用起来非常便捷。本项目主要讲解 Laravel 框架中的模型，通过模型与数据库表的映射，以及对应任务所需的 CSRF、Web 交互、会话管理等知识，综合运用所学知识完成各个任务。掌握 Laravel 框架的 ORM 操作数据库，能够综合前端和框架知识开发常见的 Web 系统功能模块。

教学目标

- 掌握数据迁移和填充的使用
- 掌握使用 DB 类操作数据库
- 掌握模型的创建和使用
- 掌握 CSRF 原理和解决方法
- 掌握 Session 的原理和应用
- 掌握 Request 对象的使用

任务 1 用 Laravel 框架创建管理员数据表

【任务描述】

本任务要求利用 Laravel 框架的数据迁移和填充功能，完成创建 MySQL 数据表 admin，并在数据表中添加测试数据。

用 Laravel 框架创建管理员数据表

【任务分析】

任务的完成需要使用 DB 类相关方法，以及数据迁移和数据填充的方法。在开始任务前，我们先学习任务所需的相关知识点。

【知识链接】

1. 使用 DB 类操作数据库

Laravel 框架提供了 DB 类操作数据库。DB 类提供了多种方法，可以直接操作数据，同时支持开发者自己手写 SQL 语句，尤其适合执行较为复杂的 SQL 语句。

为了演示 DB 类操作数据库的过程，我们需要先在 MySQL 中创建数据库和测试表，创建数据库 laravelDB，并在数据库中创建一个会员表 member，创建数据表的 SQL 语句如下：

```
create table member(
    id int primary key auto_increment,
    name varchar(32) not null,
    age tinyint unsigned not null,
    email varchar(32) not null
)engine myisam charset utf8;
```

下面结合 member 表，我们来学习 DB 类的相关方法。

使用 DB 类操作数据库，可以先使用 DB 类的静态方法 table()绑定所要操作的数据表，常用写法是：$db = DB::table('数据库表名')，然后再通过返回的对象$db 调用相关数据库。

（1）在数据表中添加数据。使用 DB 类在数据表中添加数据常用方法有两个，分别是 insert() 和 insertGetId()。其中 insert()方法的参数可以是数组类型，实现添加一条或者多条数据，返回值是布尔类型代表是否添加成功。insertGetId()方法的参数也可以是数组类型，但是每次只能添加一条数据，返回值是自增的主键 id，接下来我们通过程序来验证使用。

使用 Laravel 框架操作数据库，需要先修改数据库连接配置，在框架目录中打开.env 文件，修改配置如图 10-1 所示。

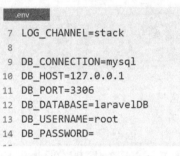

图 10-1　数据库连接配置

文件中第 9～14 行分别配置了数据库类型、数据库服务器地址、数据库服务端口号、操作的数据库名称、用户名、密码，开发者需要根据自身开发环境进行配置。必须配置正确，后续的数据库操作才能够成功。

使用 DB 类在 member 表中添加数据的代码写在控制器中，先用 artisan 命令 php artisan make:controller Admin/MemberController 创建一个控制器 MemeberController，后续对 member 表的增删改查方法都定义在该控制器内。

在 MemberController 控制器中添加会员方法代码如下所示：

```
//DB 类添加数据
    function add(){
        //DB 类绑定待操作的数据表
        $db = DB::table('member');
        //待添加的数据
        $threemembers = [
            ['name'=>'小白','age'=>18,'email'=>'xiaobai@qq.com'],
            ['name'=>'小黑','age'=>19,'email'=>'xiaohei@qq.com'],
            ['name'=>'小黄','age'=>21,'email'=>'xiaohuang@qq.com']
```

```
        ];
        $onemember = ['name'=>'小红','age'=>22,'email'=>'xiaohong@qq.com'];
        //两种方法添加数据
        $res1 = $db->insert($threemembers);
        $res2 = $db->insertGetId($onemember);
        //输出方法返回结果
        var_dump($res1);
        var_dump($res2);
    }
```

在 web.php 中定义访问路由，添加代码如下：

```
//访问 MemberController 的 add()方法,添加信息到数据表
Route::get('admin/add','Admin\MemberController@add');
```

打开浏览器输入网址http://www.laraveldemo.com/admin/add，测试运行效果如图 10-2 所示。

图 10-2　运行效果展示

运行结果显示了两个方法执行的返回结果，分别是 insert()方法返回的布尔类型的值 true，代表添加数据成功，insertGetId()方法返回的整数值 4，代表添加数据成功，对应新增数据的主键 id 是 4。查验数据库 member 表，可以看到如图 10-3 所示，数据添加成功，以及所对应的主键。

```
XAMPP for Windows - mysql -uroot -p
MariaDB [laravelDB]> select * from member;
+----+--------+-----+------------------+
| id | name   | age | email            |
+----+--------+-----+------------------+
|  1 | 小白   |  18 | xiaobai@qq.com   |
|  2 | 小黑   |  19 | xiaohei@qq.com   |
|  3 | 小黄   |  21 | xiaohuang@qq.com |
|  4 | 小红   |  22 | xiaohong@qq.com  |
+----+--------+-----+------------------+
4 rows in set (0.000 sec)

MariaDB [laravelDB]>
```

图 10-3　数据表数据展示

（2）修改数据表数据。在 Web 应用中经常需要维护系统数据，修改对应数据库的 update 语句。DB 类中提供了相关方法实现数据编辑功能。常用的方法有 update()、increment()、decrement()，以及 where()方法，其中 where()方法是通用方法，对应 SQL 语句中的筛选条件。where()方法的使用语法如下：

```
$db->where('字段', '运算符', '值')
```

如果运算符为 "="，则第二个参数可以不写。多个筛选条件下，where()方法可以连写。

接下来我们通过程序演示添加方法和 where()方法的使用，在 MemberController 控制器中添加 update()方法修改数据表 member 中年龄处于 18～19 岁的用户信息，添加代码如下：

```
//DB 类 update()方法修改数据
```

```
public function update(){
    $db = DB::table('member');
    //待更新的字段名和新值
    $newdata = [
        'name'=>'张三',
        'email'=>'zs@qq.com'
    ];
    //将年龄是 18~19 的用户的信息修改
    $res = $db->where('age','>=','18')->where('age','<=','19')->update($newdata);
    var_dump($res);
}
```

定义路由 admin/update，代码如下：

```
Route::get('/admin/update','MemeberController@update');
```

打开浏览器测试运行，输入网址http://www.laraveldemo.com/admin/update，运行效果如图 10-4 所示，返回结果为整数值 2，返回值代表了本次更新数据表受影响的行数。

图 10-4　效果展示

查看数据库 member 表信息，如图 10-5 所示，能够看到满足筛选条件的数据已经被修改。

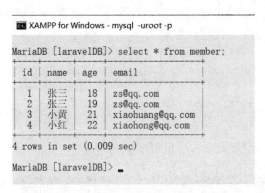

图 10-5　数据表数据展示

（3）删除数据表数据。删除数据可以通过 delete()方法结合 where()方法实现，语法如下：

```
$db->where('字段名', '条件', '值')->delete()
```

在 MemberController 控制器中添加删除方法，添加代码如下，实现将 id 小于 5 的用户信息删除。

```
//DB 类 delete()方法删除数据
public function delete(){
    $db = DB::table('member');
```

```
    //删除 id 小于 5 的用户信息
    $res = $db->where('id','<','5')->delete();
    var_dump($res);
}
```

定义路由 admin/delete，代码如下：

```
Route::get('/admin/delete,'MemeberController@delete);
```

打开浏览器测试运行，输入网址 http://www.laraveldemo.com/admin/delete，运行效果如图 10-6 所示，返回结果为整数值 4，返回值代表了本次更新数据表受影响的行数，即删除了 4 行数据。查看数据库 member 表信息，能够看到满足筛选条件的数据已经被删除。

图 10-6　运行效果展示

（4）查询数据表数据。数据查询是 Web 系统中最为常用，一般也最为复杂的操作，DB 类提供了丰富的方法支持查询实现，相关方法说明见表 10-1。

表 10-1　DB 类查询方法及说明

语句	说明
DB::table('member')->get()	获得表内所有数据，返回集合对象
DB::table('member')->where('id, '<', '3')->get()	根据条件筛选数据，返回集合对象
DB::table('member')->first()	去除单行记录，返回一个对象
DB::table('member')->where('id','1')->value('name');	获取某个字段值
DB::table('member')->select('name', 'email')->get(); DB::table('member')->select('name as username')->get();	获取某些字段的值的集合对象
DB::table('member')->orderBy('age','desc')->get();	获得排序之后的集合对象
DB::table('member')->limit(3)->offset(2)->get();	获取分页数据集合对象，limit()方法说明查询获取的记录数，offset()方法说明开始查询的位置

代表筛选条件的 where()方法之后可以继续调用 where()方法，例如-> where() -> where() -> where()…，这个语法表示多个条件之间为"并且"（and）的关系。

同样用法的还有 orWhere()方法，例如-> orWhere() -> orWhere() -> orWhere()…，这个语法表示"或者"的关系，orWhere()方法的参数与 where()一致。

接下来编写代码进行演示，首先通过编辑 MemberController 控制器的 add()方法，访问对应控制器方法路由，实现在 member 表中添加 8 条数据。添加完毕后 member 表测试数据如图 10-7 所示，为后续查询操作提供数据源。

在 MemberController.php 中添加测试查询方法代码，分别实现查询所有会员数据，查询年龄处于 19~21 岁的会员数据，查询排序后的数据，以及获取排序后的第一个数据，具体实现代码如下所示：

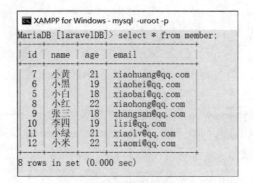

图 10-7　数据表数据展示

```
//DB 类查询方法
    public function select(){
        //查询所有数据
        $allmembers = DB::table('member')->get();
        //根据条件筛选数据
        $somemembers = DB::table('member')
                                    ->where('age','<','19')
                                    ->orWhere('age','>','21')
                                    ->get();
        //获取排序之后的数据  按年龄降序排序
        $db =DB::table('member');
        $ordermembers    =$db->where('id','>','0')
                                    ->orderBy('age','desc')
                                    ->get();
        //获取排序后的第一个数据
        $firstmember    = $ordermembers->first();
        //将查询到的数据传递给视图 admin.member
        return view('admin.members',
compact('allmembers','somemembers','ordermembers','firstmember'));
    }
```

在控制器的 select()方法中实现了 4 种查询，分别是查询所有数据、根据条件查询、排序查询、获取第一个数据，查询结果分别存储在 4 个变量中，并通过 view()方法传送给视图。

接下来在 resources/views/admin 视图目录下创建 members.blade.php 文件，利用 Blade 模板语法读取并显示控制器传递过来的数据，视图代码如下所示：

```
<!DOCTYPE html>
<html>
  <head>
        <meta charset="utf-8">
        <title>会员信息查询</title>
  </head>
  <body>
        <h2>所有会员信息</h2>
        @foreach($allmembers as $m)
            <p>{{$m->id}} {{$m->name}} {{$m->age}} {{$m->email}} </p>
        @endforeach
        <hr>
```

```
        <h2>年龄小于 19 岁或者大于 21 岁的会员信息</h2>
        @foreach($somemembers as $m)
            <p>{{$m->id}} {{$m->name}} {{$m->age}} {{$m->email}} </p>
        @endforeach
        <hr>
        <h2>所有会员按照年龄排序</h2>
        @foreach($ordermembers as $m)
            <p>{{$m->id}} {{$m->name}} {{$m->age}} {{$m->email}} </p>
        @endforeach
        <hr>
        <h2>年龄排序第一个会员姓名</h2>
        <p>{{$firstmember->name}}</p>
    </body>
</html>
```

在 web.app 中添加路由代码如下：

```
Route::get('admin/select', 'Admin\MemberController@select');
```

打开浏览器输入网址http://www.laraveldemo.com/admin/select，显示效果如图 10-8 所示，能够根据查询需求正确查询会员信息。

图 10-8　查询结果展示

2. 数据迁移

数据迁移是指对数据表进行创建和删除操作，分别对应 Laravel 框架的 up()和 down()方法。数据表的第一次迁移步骤较为烦琐，迁移过程需要使用 artisan 命令，以及编写创建数据表的迁移代码。

（1）创建迁移文件。数据迁移仍在 laravelDB 数据库中展开，并以创建新闻表 news 为例进行讲解和演示。

在 Laravel 框架中默认提供了两个迁移文件范例，数据迁移文件所在目录为 database，后续我们不使用这两个迁移文件，可以先将这两个默认的文件删除，避免执行迁移时与数据表产生冲突。

迁移文件的创建使用 artisan 命令，命令语法如下：

php artisan make:migration 迁移文件名

迁移文件名一般命名规则是：create_数据表名_table，通过命令生成的迁移文件会自动在此名字前面添加时间。

接下来通过创建命令创建一个迁移文件，命令及执行情况如图 10-9 所示。

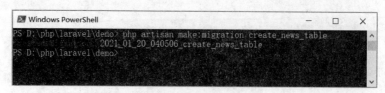

图 10-9　执行情况展示

执行命令生成的数据迁移文件如图 10-10 所示。

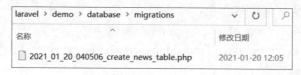

图 10-10　创建的迁移文件

（2）编辑迁移文件程序。创建好迁移文件后，需要按照 news 数据表的结构编辑迁移文件 up() 方法的代码，添加对应的数据表字段，news 表的字段结构见表 10-2。

表 10-2　news 数据表结构

news 表的字段	字段说明
id	主键，自增
title	新闻标题
content	新闻内容
cilcktime	点击浏览次数
createdtime	新闻记录创建时间

数据库结构生成器 Schema 在创建表时，可以通过 $table 对象提供的方法指定各种字段类型，表 10-3 列出了常用的几种设置方法，开发者可以在 Laravel 框架官网查阅开发文档，里面有更为详尽的方法说明。

表 10-3　构建表字段方法说明

语句	说明
$table->bigIncrements('id');	递增 id（主键），相当于 unsigned big integer
$table->boolean('confirmed');	相当于 boolean
$table->enum('level', ['easy', 'hard']);	相当于 enum
$table->float('amount', 8, 2);	相当于带有精度与基数的 float
$table->string('name', 100);	相当于带长度的 varchar
$table->timestamp('added_on');	相当于 timestamp

除了上述列出的字段类型之外，还可以在添加字段时设置默认值、约束条件等，见表 10-4。例如，如果要把字段设置为允许为空，就可以使用 nullable()方法。

表 10-4　字段修饰方法

语句	说明
->autoIncrement()	将 integer 类型的字段设置为自动递增的主键
->charset('utf8')	指定一个字符集（仅限 MySQL）
->comment('my comment')	为字段增加注释（仅限 MySQL）
->default($value)	为字段指定默认值
->nullable($value = true)	（默认情况下）此字段允许写入 NULL 值
->useCurrent()	将 timestamp 类型的字段设置为使用默认值 CURRENT_TIMESTAMP

修改迁移文件中的 up()方法，参考数据表 news 字段设计，编写程序创建字段，添加代码如下所示：

```
public function up()
    {
        Schema::create('news', function (Blueprint $table) {
            $table->bigIncrements('id');
            $table->string('title')->nullable(false);
            $table->string('content')->nullable(false);
            $table->integer('clicktimes')->default(0);
            $table->timestamp('createdtime')->useCurrent();;
        });
    }
```

（3）执行迁移文件。迁移代码写好后，就可以执行迁移文件，开始创建数据表。

如果在当前项目中是第一次执行迁移文件，则需要先执行一个命令，即在数据库中创建一个叫作 migrations 的数据表，该表会记录迁移文件执行情况，命令为：php artisan migrate:install。打开命令行执行，运行情况如图 10-11 所示。

图 10-11　执行迁移情况

查询数据库，可以看到多了 migrations 表，表的结构如图 10-12 所示，其中 migration 字段会记录已经执行过的迁移文件名，batch 字段会记录执行的序号。

接下来我们可以执行自己创建的迁移文件，执行命令为：php artisan migrate。执行情况如图 10-13 所示。

执行完毕，查询数据库 laravelDB，可以看到多了 news 表，表结构与我们最开始分析的一致，如图 10-14 所示，数据表迁移成功。

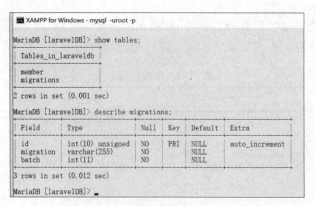

图 10-12　数据表创建情况

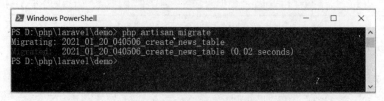

图 10-13　执行命令情况

图 10-14　数据表创建情况

查看 migrations 表，可以看到多了一条数据，记录了本次的迁移行为，如图 10-15 所示。

图 10-15　migrations 数据展示

如果想要删除表，需要执行 down()方法，通过回滚形式，删除所执行的添加操作。命令为：
php artisan migrate:rollback;，执行后就会删除刚刚创建的数据表。

3. 数据填充

执行数据迁移添加表操作，创建表 news，我们利用 news 表讲解数据表的填充操作。数据填充操作就是在数据表中添加测试数据。

（1）创建填充器文件。数据填充器所在目录为 database/seeds，文件夹下有一个示例填充器文件，文件命名一般为：数据表名 TableSeeder，其中数据表名单词首字母大写。

以 news 表为例，填充器文件名应为 NewsTableSeeder。填充器文件的创建同样可以使用 artisan 命令，创建填充器命令为：php artisan make:seeder NewsTableSeeder。

在命令行窗口执行创建命令，运行效果如图 10-16 所示，填充器文件创建成功。

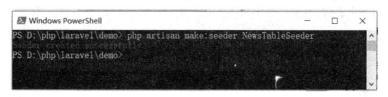

图 10-16　填充器文件创建

（2）编辑填充器代码。在 seeds 目录可以看到生成的种子文件 NewsTableSeeder.php，文件中定义了同名类，类中只有一个 run() 方法，需要在 run() 方法内添加代码，并运行该文件，实现数据添加。

我们通过使用 DB 类操作数据表，在 run() 方法内使用 DB 类的添加方法，实现对 news 表的数据添加，run() 方法代码如下所示：

```php
public function run()
  {
    //测试数据
    $newsinfo = [
            ["title"=>"智慧医疗产业迎来好时机","content"=>"新闻内容......"
                ,"clicktimes"=>30,"createdtime"=>"2021-01-03 07:06:30"],
            ["title"=>"手机厂商入局全屋智能诱人","content"=>"新闻内容......"
                ,"clicktimes"=>37,"createdtime"=>"2021-01-06 08:10:12"],
            ["title"=>"2021 数字中国创新大赛启动","content"=>"新闻内容......"
                ,"clicktimes"=>3,"createdtime"=>"2021-01-16 09:10:23"],
            ["title"=>"海峡公铁大桥 有了智能体检医生","content"=>"新闻内容......"
                ,"clicktimes"=>5,"createdtime"=>"2021-02-06 10:10:34"],
            ["title"=>"智慧科协推出在线检索资源库","content"=>"新闻内容......"
                ,"clicktimes"=>70,"createdtime"=>"2021-02-16 07:10:43"],
            ["title"=>"打造三个千亿级大数据产业集群","content"=>"新闻内容......"
                ,"clicktimes"=>10,"createdtime"=>"2021-02-18 08:10:52"],
            ["title"=>"碎片化学习含金量如何？","content"=>"新闻内容......"
                ,"clicktimes"=>30,"createdtime"=>"2021-03-09 09:10:33"],
            ["title"=>"机器换人带来的技术性失业危机","content"=>"新闻内容......"
                ,"clicktimes"=>90,"createdtime"=>"2021-03-16 10:10:21"],
            ["title"=>"APP 广告推送不能"谁的地盘谁做主"","content"=>"新闻内容......"
                ,"clicktimes"=>60,"createdtime"=>"2021-03-26 11:10:34"],
            ["title"=>"华为布局奥妙何在","content"=>"新闻内容......"
                ,"clicktimes"=>77,"createdtime"=>>now()],
        ];
        DB::table('news')->insert($newsinfo);
    }
```

（3）执行填充器文件。填充器文件创建好后，使用 artisan 命令执行该文件，命令语法如下：

```
# php artisan db:seed —class=填充器文件名字
```

注意：执行时命令中的填充器文件不带扩展名，在命令行窗口执行创建好的填充器文件 NewsTableSeeder，运行效果如图 10-17 所示。

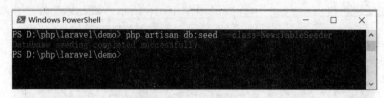

图 10-17　执行填充器

填充器文件执行成功，在数据库中查询 news 表的数据，如图 10-18 所示，可以看到测试数据添加成功。

```
MariaDB [laravelDB]> select * from news;
+----+------------------------------------+----------------+------------+---------------------+
| id | title                              | content        | clicktimes | createtime          |
+----+------------------------------------+----------------+------------+---------------------+
|  1 | 智慧医疗产业迎来好时机              | 新闻内容......  |         30 | 2021-01-03 07:06:30 |
|  2 | 手机厂商入局全屋智能诱人           | 新闻内容......  |         37 | 2021-01-06 08:10:12 |
|  3 | 2021数字中国创新大赛启动           | 新闻内容......  |          3 | 2021-01-16 09:10:23 |
|  4 | 海峡公铁大桥 有了智能体检医生      | 新闻内容......  |          5 | 2021-02-06 10:10:34 |
|  5 | 智慧科协推出在线检索资源库         | 新闻内容......  |         70 | 2021-02-16 07:10:43 |
|  6 | 打造三个千亿级大数据产业集群       | 新闻内容......  |         10 | 2021-02-18 08:10:52 |
|  7 | 碎片化学习含金量如何？             | 新闻内容......  |         30 | 2021-03-09 10:10:33 |
|  8 | 机器换人带来的技术性失业危机       | 新闻内容......  |         90 | 2021-03-16 10:10:21 |
|  9 | APP广告推送不能 "谁的地盘谁做主"   | 新闻内容......  |         60 | 2021-03-26 11:10:34 |
| 10 | 华为布局奥妙何在                   | 新闻内容......  |         77 | 2021-04-06 12:10:32 |
+----+------------------------------------+----------------+------------+---------------------+
10 rows in set (0.001 sec)
```

图 10-18　数据创建情况

【任务实施】

在学习了使用 Laravel 框架 DB 类操作数据库，以及数据表迁移和填充的知识后，我们来开始完成任务。首先设计管理员表 admin 的表结构，管理员表存储管理员的信息，表的字段信息设计见表 10-5。

表 10-5　管理员表结构

字段	说明
id	主键，自增
account	登录账号，字符串，长度 15
password	登录密码，字符串，长度 20
email	邮箱，字符串，长度 30
telephone	手机号，字符串，长度 11

创建生成数据表 admin 的迁移文件，命令行窗口中输入命令如下：

```
# php artisan make:migration create_admin_table
```

执行后生成对应的 create_admin_table 迁移文件，编辑迁移文件 up() 方法的代码，添加代码如下所示：

```
public function up()
```

```
    {
        Schema::create('admin', function (Blueprint $table) {
            $table->bigIncrements('id');
            $table->string('account',15)->nullable(false);
            $table->string('password',20)->nullable(false);
            $table->string('email',30)->nullable();
            $table->string('telephone',11)->nullable();
        });
    }
```

执行迁移文件，命令行窗口中输入命令如下：

```
# php artisan migrate
```

执行成功后，查询数据库可以看到多了 admin 表，查询表的结构可以看到表的字段情况，如图 10-19 所示。

```
MariaDB [laravelDB]> show tables;
+----------------------+
| Tables_in_laraveldb  |
+----------------------+
| admin                |
| member               |
| migrations           |
| news                 |
+----------------------+
4 rows in set (0.001 sec)
```

```
MariaDB [laravelDB]> describe admin;
+-----------+---------------------+------+-----+---------+----------------+
| Field     | Type                | Null | Key | Default | Extra          |
+-----------+---------------------+------+-----+---------+----------------+
| id        | bigint(20) unsigned | NO   | PRI | NULL    | auto_increment |
| account   | varchar(15)         | NO   |     | NULL    |                |
| password  | varchar(20)         | NO   |     | NULL    |                |
| email     | varchar(30)         | YES  |     | NULL    |                |
| telephone | varchar(11)         | YES  |     | NULL    |                |
+-----------+---------------------+------+-----+---------+----------------+
5 rows in set (0.012 sec)
```

图 10-19　数据表创建结果

接下来创建填充器，在命令行窗口中执行命令。

```
# php artisan make:seeder AdminTableSeeder
```

填充器创建成功，打开新建的 AdminTableSeeder.php，编辑 run()方法，添加代码如下：

```
public function run()
    {
        //待填加测试数据
        $admininfo=[
            ['account'=>'admin001','password'=>'888888',
              'email'=>'admin1@xx.com','telephone'=>'13100001111'],
            ['account'=>'admin002','password'=>'888888',
              'email'=>'admin2@xx.com','telephone'=>'13200001111'],
            ['account'=>'admin003','password'=>'888888',
              'email'=>'admin3@xx.com','telephone'=>null],
            ['account'=>'admin004','password'=>'888888',
              'email'=>'admin4@xx.com','telephone'=>null],
            ['account'=>'admin005','password'=>'888888',
              'email'=>null,'telephone'=>null],
        ];
        DB::table('admin')->insert($admininfo);
    }
```

执行该文件，在命令行中输入如下命令：

```
# php artisan db:seed --class=AdminTableSeeder
```

查询数据表 admin，可以看到添加的 5 行记录信息。

【任务小结】

本任务综合了 Laravel 框架的数据迁移、数据填充，以及使用 DB 类操作数据库的知识，完成了 admin 数据表的创建。数据迁移和填充是 Laravel 框架的一大亮点，在实际中应用广泛，特别适合于团队协作进行项目开发，读者要熟练掌握。

任务 2　用模型实现新闻信息添加功能

用模型实现新闻
信息添加功能

【任务描述】

模型也是 Laravel 框架的重要部分，MVC 架构中 M 就是指模型（Model）。本任务要求使用 Laravel 框架模型实现新闻信息的添加。

【任务分析】

在上一个任务中我们完成了新闻表 news 的创建，本任务完成还需要学习 Laravel 框架的模型创建及使用、用户数据获取等知识，在完成任务之前，我们先学习相关的知识点。

【知识链接】

1. 模型的创建

在 Laravel 框架项目 App 目录下默认有一个模型示例文件 User.php，一般可以将模型创建在该目录下。模型文件的创建支持分目录管理，即可以新建目录放对应的模型文件。

模型可以理解为数据表的映射，所以模型文件的命名一般采用表名首字母大写的方法，比如 news 表对应模型文件名字为 News。

可以使用 artisan 命令创建模型，命令语法如下：

```
# php artisan make:model  目录/模型名
```

不进行分目录管理的话可以不加目录，在命令行中输入 News 模型的创建命令并执行，运行情况如图 10-20 所示，表示模型创建成功。

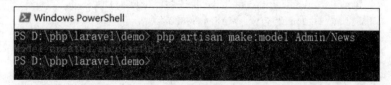

```
Windows PowerShell
PS D:\php\laravel\demo> php artisan make:model Admin/News
model created successfully
PS D:\php\laravel\demo>
```

图 10-20　模型创建

查看 App 目录能够看到新创建的 Admin 目录，以及目录下的 News.php 模型文件。模型文件的初始代码如下：

```
<?php
namespace App\Admin;
```

```
use Illuminate\Database\Eloquent\Model;
class News extends Model
{
    //
}
```

阅读代码可以看出，通过模型创建命令创建的模型文件搭建了初始代码，定义好了 News 类，并继承了框架的 Model 类，接下来就是如何编辑代码完成模型与数据表的映射功能。

2．模型的定义

模型的定义即通过定义模型类的相关属性，完成模型与数据表及字段的映射。

模型类中主要需要定义 4 个属性，这 4 个属性可以根据实际需求进行定义，属性的用法说明见表 10-6。

表 10-6　模型类属性说明

属性名	修饰词	说明
$table	protected	定义模型与数据表的映射，取值是表名，如果表名有前缀则去掉前缀，如果不定义，则默认找以类名的复数形式为名字的数据表
$primaryKey	protected	定义主键名称，如果不定义，则默认主键字段名是 id，如果主键字段不是 id，则必须要定义该属性
$timestamps	public	定义是否默认操作表的 created_at 和 updated_at 字段，如果表中没这两个字段，则需要将该属性设置为 false
$fillable	protected	该属性定义当执行 create 插入数据操作时，允许插入到数据库的字段

根据模型属性定义规则编写 News 类，代码如下所示：

```
class News extends Model
{
    //定义模型关联的数据表
    protected $table = 'news';
    //定义主键
    protected $primaryKey = 'id';
    //定义禁止操作表的 created_at 和 updated_at 字段
    public $timestamps = false;
    //定义允许写入的字段
    protected $fillable = ['id','title','content','clicktimes','createdtime'];
}
```

模型定义完毕后，就可以在控制器中使用了。

3．模型的使用

模型的使用一般有两种方式，可以将模型实例化后再通过实例对象调用相关方法，还可以像 DB 类一样，直接调用相关静态方法。

（1）添加数据。添加数据可以有两种方式，接下来通过 News 类进行演示。

第一种是基于 AR（Active Record）领域模型模式的实现方式，该方式实现思路是将一个模型类对应关系型数据库中的一个表，而模型类的一个实例对应数据表中的一行记录。AR 方式实现添加需要先实例化模型，然后为模型设置属性，最后调用 save() 方法。

接下来我们通过程序演示基于 AR 实现方式在 news 表中添加一行记录，在编写代码之前先用 artisan 命令创建好控制器 NewsController，编辑控制器代码，注意先要通过 use App\Admin\News 将 News 类引入文件，控制器 NewsController 添加方法 add1()具体代码如下所示：

```php
public function add1(){
        //待添加的数据
        $newsinfo = ['title'=>'PHP 技术最新发展',
                        'content'=>'新闻内容......','clicktimes'=>72,'createdtime'=>now()];
        //实例化模型
        $news = new News();
        //设置模型属性值
        $news->title = $newsinfo['title'];
        $news->content = $newsinfo['content'];
        $news->clicktimes = $newsinfo['clicktimes'];
        $news->createdtime = $newsinfo['createdtime'];
        //模型数据保存到数据库表
        $res = $news->save();
        dd($res);
    }
```

在路由文件中定义路由/admin/news/add1，调用 NewsController 控制器的 add1()方法，打开浏览器访问测试，可以看到浏览器输出 true，查询数据表 news，可以看到新添加的记录。

💡小贴士　在输出执行 save()方法的返回值时使用的是 Laravel 框架的辅助函数 dd()，dd()函数是 Laravel 中一个帮助调试脚本的函数，可以打印 PHP 中所有类型的变量，并终止脚本执行，使用起来很方便。

第二种实现数据添加的方式是使用 create()方法，相比 AR 添加方式，这种方式与 DB 类的用法接近，使用更方便，代码更简洁。在 NewsController 控制器中添加 add2()方法，代码如下所示：

```php
public function add2(){
        //待添加的数据
        $newsinfo = ['title'=>'Laravel 技术最新发展 5',
                        'content'=>'新闻内容......','clicktimes'=>72,'createdtime'=>now()];
        //通过模型调用 create()方法添加数据
        $res = News::create($newsinfo);
        dd($res);
    }
```

在路由文件中定义路由/admin/news/add2，调用 NewsController 控制器的 add2()方法，打开浏览器访问测试，可以看到浏览器输出的 create()方法返回的模型对象，查询数据表 news，可以看到新添加的记录。

（2）查询数据。模型提供了多种方法满足不同查询需求，常用查询方法和说明见表 10-7。

表 10-7　查询方法说明

语句	说明
Model::find($id)	根据主键获得数据，返回对象
Model::where("id",'<',10)->first()	根据条件获取第一条记录，返回对象
Model::where("id",'<',10)->get()	根据条件查询数据，返回对象集合
Model::all()	查询所有记录的所有字段数据，返回对象集合，不支持连接其他辅助查询方法
Model::all([字段 1,字段 2])	只查询指定字段数据，返回对象集合，不支持连接其他辅助查询方法
Model::get()	查询所有记录的所有字段数据，返回对象集合
Model::get([字段 1,字段 2])	只查询指定字段数据，返回对象集合
Model::where('id','>',2)->select(['字段 1','字段 2'])->get()	根据条件查询指定字段数据，返回对象集合
Model::paginate(10)	进行模型分页数据查询，返回对象集合

接下来编写代码进行演示，在 NewsController 控制器中添加查询方法 query()，示例代码如下：

```
public function query(){
        //查询所有新闻数据,以数组形式输出
        $allnews = News::all();
        print_r($allnews->toArray());
        //查询 id=2 的新闻数据,以数组形式输出
        $news = News::find(2);
        print_r($news->toArray());
        //查询 id<5 的新闻数据,以数组形式输出
        $titleandcontent = News::where('id','<',5)->select( ['title','content'] )->get();
        print_r($titleandcontent->toArray());
}
```

在路由文件中定义路由/admin/news/query，调用 NewsController 控制器的 query()方法，打开浏览器访问测试，可以看到浏览器输出了对应查询的结果数据。

小贴士　示例代码使用了 toArray()方法，该方法可以将 Laravel 序列化模型对象及集合转化为数组，类似的还有 toJson()方法，可以将查询的对象或者对象集合类型结果转化为 JSON 格式的字符串。

（3）修改数据。在 Laravel 框架使用模型更新数据，需要先调用模型的 find()方法获取对应记录，返回一个模型对象，然后为该模型对象设置要更新的数据（对象的属性），最后调用 save()方法即可。也可以使用类似 DB 类的操作方法，结合 where()和 update()方法实现数据更新。

接下来通过示例演示，在 NewsController 控制器中添加更新代码，其中 update1()方法实现将 id=1 的新闻记录点击量加 1，update2()方法实现将 id=1 的新闻记录的标题和内容进行修改，添加的方法如下所示：

```
public function update1(){
```

```
        $obj = News::find(1);          //找到要更新的记录
        $obj->clicktimes += 1;         //通过属性进行修改
        $res = $obj->save();           //调用 save()方法保存修改
        dd($res);                      //返回布尔类型值
    }


    public function update2(){
        $res = News::where('id',1)->update(
            [
                'title'=>'修改后的标题',
                'content'=>'修改后的内容'
            ]
        );
        dd($res);                      //返回受影响的行数
    }
```

在路由文件中分别定义/admin/news/update1 和/admin/news/update2，两个路由分别对应 NewsController 控制器的 update1()和 update2()方法，在浏览器中输入对应网址访问可以看到输出结果，查验数据库可以看到对应数据记录已经修改。

（4）删除数据。删除数据可以使用 AR 模式，先根据主键 id 查询对应的记录，返回一个模型对象，然后调用模型对象的 delete()方法，也可以使用类似 DB 类操作方式，使用 where()和 delete()方法实现数据删除。

接下来在 NewsController 中添加代码演示数据删除操作，添加代码如下所示：

```
public function delete1(){
        $res = News::find(2)->delete();
        dd($res); //返回布尔类型值
    }
public function delete2(){
        $res = News::where('id','<',5)->delete();
        dd($res);   //返回受影响的行数
    }
```

添加对应路由访问测试，可以看到用两种方法都可以实现数据删除。delete1()方法根据主键查询，一次删除一条数据，布尔类型返回值代表是否删除成功。delete2()方法的删除条件更加灵活，可以一次删除多条数据，返回值是整型，代表了删除语句影响的行数，即删除了多少条记录。

4. 接收请求数据

常用的请求方式有 GET 和 POST 请求，在 Laravel 中可以使用原生的$_GET 和$_POST 变量获得请求数据，也可以使用 Request 对象实例获取参数，通过 artisan 命令创建的控制器模板代码中，自动导入了 Illuminate\Http\Request 类。

Request 类实例$request 封装了 HTTP 请求相关的数据和方法，使用时在控制器方法中定义形参，实例就可以被自动注入。$request 实例常用的方法和属性见表 10-8。

表 10-8　$request 实例对象方法和属性

语句	说明
$request->method()	获取请求方式
$request->isMethod('post')	检测请求方式，返回布尔值
$request->path()	获取请求路径
$request->url()	获取完整的 URL
$request->ip()	获取请求的 IP
$request->getPort()	获取端口号
$request->input('key')	获取请求数据
$request->has('key')	检测是否有请求参数
$request->all()	获取所有请求参数
$request->only(['key1','key2'])	获取指定参数
$request->except(['key1','key2'])	去除不需要的参数
$request->header('Connection')	获取请求头信息
$request->hasFile('file')	检测是否有文件上传
$request->file('file')	获取上传的文件

【任务实施】

学习完相关知识点，我们来完成新闻信息添加任务，任务完成需要创建好数据表 news，需要定义好对应模型 News 类、路由 admin/news/add、控制器 NewsController、视图 add.blade.php。

在前面知识点讲解中，已经通过数据迁移创建好了 news 表，通过 artisan 命令生成了模型、控制器文件。

那么我们从创建视图开始，首先在 resources/admin 目录下创建 addnews.blade.php 视图，在视图中添加表单代码，如下所示：

```
<!DOCTYPE html>
<html>
    <head>
        <meta charset="utf-8">
        <title>添加新闻</title>
        <style>
            #add{
                width: 60%;
                margin: 0 auto;
                padding: 30px;
            }
        </style>
    </head>
    <body>
        <div id="add">
        <h2>添加新闻</h2>
        <form action="./add" method="post">
```

```
            新闻标题:
            <div>
                <input type="text" name='title'>
            </div>
            新闻内容:
            <div>
                <textarea name="content" cols="50" rows="8"></textarea>
            </div>
            @csrf
        <input type="submit" value="添加">
        </form>
        </div>
    </body>
</html>
```

在添加新闻视图中，表单内包含 3 个控件，分别是新闻标题输入框、新闻内容输入区域和"提交"按钮，注意在按钮上方有一个特殊语句@csrf。

因为 Laravel 框架默认开启了跨域请求安全验证，因此必须添加 csrf_token 验证，表单数据才能提交，如果去掉该语句，则后续通过浏览器提交数据会报错。

> **小贴士**　除了在表单中使用@csrf 语句获取 csrf_token 验证之外，Laravel 框架还支持其他写法，如{{csrf_field()}}，该函数等价于在 form 中增加了一个 input 隐藏域，因此也可以直接以隐藏域形式添加验证，代码为：<input type='hidden' name='_token' value='{{csrf_token()}}'>。

编辑 NewsController 控制器，添加 addnews()方法，当请求方式为 GET 时，跳转到 addnews 视图，添加代码如下：

```
public function addnews(Request $request){
        $method = $request->getMethod();
        if($method=='GET'){
            //GET 请求时展示表单页面
            return view('admin.addnews');
        }
    }
```

添加路由 admin/news/add，访问控制器的 addnews()方法，路由定义语句如下：

```
Route::get('admin/news/add','Admin\NewsController@addnews');
```

打开浏览器输入对应网址，浏览器显示效果如图 10-21 所示，可以看到添加的新闻表单。

接下来实现新闻添加功能，修改控制器的 addnews()方法，增加请求方式的分支判断。当通过单击"添加"按钮提交 POST 请求时，则获取请求数据，将数据添加到数据库。

修改后的 addnews()方法代码如下所示：

```
function addnews(Request $request){
        $method = $request->getMethod();
        if($method=='GET'){
            //GET 请求时展示表单页面
            return view('admin.addnews');                //跳转到添加表单视图
        }else{
            //POST 请求获取数据,添加到数据库
```

```
                $newsinfo = $request->except('_token');        //去掉 CSRF 验证的 token 值
                $res =News::insert($newsinfo);                 //执行添加
                if($res)
                    echo '新闻添加成功';
            }
        }
```

图 10-21　新闻添加页面

数据获取使用 Request 实例的 except()方法，去掉跨域请求验证的 token 值。通过模型的 insert()方法，将新闻标题和新闻内容添加到新闻数据表新记录内，其中点击量和创建时间字段取默认值。

修改路由定义，使路由支持 GET 和 POST 两种请求方式，修改后的路由代码如下：

```
Route::match(['GET','POST'], 'admin/news/add', 'Admin\NewsController@addnews');
```

此时全部文件及代码编写完毕，打开浏览器输入网址 http://www.laraveldemo.com/admin/news/add，能够看到新闻添加页面，在添加表单中输入新闻标题和内容，单击"添加"按钮，页面显示"新闻添加成功"。查询数据库表 news，可以看到新添加的记录。

【任务小结】

本任务使用 Laravel 框架完成了新闻数据的添加，涉及知识点多且较为综合，任务的完成需要结合路由、控制器、视图、模型、请求数据获取、CSRF 验证等知识，完成难度较大，过程中容易出错。通过本任务的练习，读者可以将 Laravel 框架的核心基础知识综合运用和牢固掌握，为继续学习更为高级的框架技术打下基础。

项目拓展　完成管理员登录功能

完成管理员
登录功能

【项目分析】

管理员登录的基本过程是首先输入登录网址，访问登录页面，然后输入登录信息，进行一系列信息验证，反馈验证结果，根据验证结果显示给使用者不同的页面。

在前一项目的拓展项目和知识点讲解演示中，我们已经创建了 admin 数据库表和 Admin

Controller 控制器，编写了 login.blade.php 登录页面，还需要继续完善登录页面，编辑登录方法，并根据 admin 数据表结构创建对应 Admin 模型，最终实现基于框架的管理员登录功能。

【项目实施】

首先创建 Admin 模型与数据库表 admin 映射，在命令行中输入 artisan 命令创建模型，如下所示：

```
# php artisan make:model Admin/Admin
```

打开新创建的 Admin.php 模型文件，编辑 Admin 类的属性，Admin 类定义代码如下所示：

```php
<?php
namespace App\Admin;
use Illuminate\Database\Eloquent\Model;
class Admin extends Model
{
    //定义模型关联的数据表
    protected $table = 'admin';
    //定义主键
    protected $primaryKey = 'id';
    //定义禁止操作表的 created_at 和 updated_at 字段
    public $timestamps = false;
    //定义允许写入的字段
    protected $fillable = ['id','account','password','email','telephone'];
}
```

修改视图 login.blade.php 中的表单，添加 POST 提交地址和跨域请求验证，修改后的表单代码如下所示：

```html
<form action="./login" method="post">
    <div class="form-group">
        <label for="exampleInputEmail1">请输入登录账号</label>
        <input type="text" class="form-control" id="account" name="account">
    </div>
    <div class="form-group">
        <label for="exampleInputPassword1">请输入密码</label>
        <input type="password" class="form-control" id="password" name="password">
    </div>
    @csrf
    <button type="submit" class="btn btn-default btn-block">登录</button>
</form>
```

在控制器 AdminController 中添加登录逻辑处理代码，编写 login()方法实现显示登录页面以及登录信息验证，具体实现代码如下所示：

```php
public function login(Request $request){
    $method = $request->getMethod();    //获取请求方式
    if($method=='GET')
        //GET 请求显示登录页面
            return view('admin.login');
    else{
        //POST 请求获取登录信息进行验证
            $account = $request->input('account');
```

```
        $password = $request->input('password');
        //数据库验证用户名和密码是否正确
        $res=Admin::where('account',$account)->where('password',$password)->first();
        if($res){
            echo '欢迎管理员'.$account;
        }else{
            echo "<script>alert('用户名或者密码有误');</script>";
        }
    }
}
```

编辑路由，支持 GET 和 POST 两种请求方式，添加路由代码如下所示：

```
Route::match(['GET','POST'],'admin/login','Admin\AdminController@login');
```

打开浏览器输入网址 http://www.laraveldemo.com/admin/login，可以看到登录页面，如图 10-22 所示。

图 10-22　管理员登录页面

输入登录信息，对比数据表 admin 的管理员账号记录，如果账号和密码正确，则显示"欢迎管理员***"，如果信息有误，则弹出"用户名或者密码有误"提示信息，效果如图 10-23 所示。

图 10-23　添加效果展示

思考与练习

一、单选题

1．以下能够实现数据添加的语句是（　　）。

    A．DB::table('member');　　　　　　　　B．DB::table('member')->insert($data);

  C．DB::insertGetId($data)   D．DB::table('member')->get()

2．Laravel 框架模型文件默认所在目录是（ ）。

  A．App 目录   B．App/http 目录

  C．public 目录   D．resource 目录

3．创建模型的命令正确的是（ ）。

  A．# php artisan make model 目录/模型名

  B．# php artisan make:controller 目录/模型名

  C．# php artisan make 目录/模型名

  D．# php artisan make:model 目录/模型名

4．数据迁移和填充实现过程中需要使用 artisan 命令，以下不属于数据迁移实现过程使用的命令的是（ ）。

  A．php artisan make:migration create_user_table

  B．php artisan migrate:install

  C．php artisan migrate

  D．php artisan make:seeder NewsTableSeeder

5．以下 Laravel 代码中$fillable 作用是（ ）。

```
class User extends Model {
  // 定义模型关联的数据表(一个模型只操作一个表)
  protected $table = 'user';
  protected $fillable =['user_account','user_password','email', 'create_time', 'del'];
}
```

  A．设置允许写入的数据字段   B．设置不允许写入的数据字段

  C．设置允许读取的数据字段   D．设置不允许读取的数据字段

二、多选题

1．关于 Laravel 框架跨域请求安全验证说法正确的是（ ）。

  A．GET 请求不需要进行 CSRF 验证

  B．POST 请求表单提交数据，需要在表单中添加 csrf_token 验证

  C．在表单 POST 提交前，添加@csrf，能提交数据

  D．在表单 POST 提交前，添加{{csrf_field()}}，能提交数据

2．以下关于数据迁移和填充描述正确的是（ ）。

  A．数据表迁移是指为数据表添加数据

  B．数据填充是指创建数据表和删除数据表

  C．进行数据表迁移先要创建迁移文件

  D．创建迁移文件的命令是：php artisan make:migration 迁移文件名

3．模型定义说法正确的是（ ）。

  A．$table 属性指明关联哪个数据库表，必须跟表名字一致

  B．$primaryKey 属性设置主键，默认主键字段名是 id

  C．$timestamps 属性定义是否默认更新表的 created_at 和 updated_at 字段

  D．$fillables 属性设置执行添加操作时允许写入的字段

三、判断题

1．Laravel 框架模型的创建不支持分目录管理，只能放在 App 目录下。　　　（　　）

2．Laravel 框架提供了 Request 类封装 HTTP 请求数据，其中 Request 类实例的 all()方法可以获取所有请求参数。　　　（　　）

3．用 DB 类操作数据库执行 SQL 语句，可以通过 where()方法实现查询条件的设置。

　　　（　　）

四、实操题

在项目 9 实操题基础上，基于 Laravel 框架实现，添加模型操作数据库，完成会员用户注册功能，注册成功跳转到会员登录页面。

参考文献

[1] 黑马程序员. PHP 基础案例教程[M]. 北京：人民邮电出版社，2017.

[2] 传智播客. PHP 网站开发实例教程[M]. 北京：人民邮电出版社，2020.

[3] 刘乃琦，李忠. PHP 和 MySQL Web 应用开发[M]. 北京：人民邮电出版社，2013.

[4] 孔祥盛. PHP 编程基础与实例教程[M]. 北京：人民邮电出版社，2011.

[5] 传智播客. PHP+Ajax+jQuery 网站开发项目式教程[M]. 北京：人民邮电出版社，2016.

[6] 刘欣，李慧. PHP 开发典型模块大全[M]. 北京：人民邮电出版社，2012.

[7] 马骏. PHP 应用开发与实践[M]. 北京：人民邮电出版社，2012.

[8] 唐四薪. PHP 动态网站程序设计[M]. 北京：人民邮电出版社，2014.

[9] 韩京宇. Web 技术教程[M]. 北京：人民邮电出版社，2014.